유머
1박2일

유머 1박 2일

2010년 6월 21일 초판 1쇄 발행

엮은이 한국유머연구회
펴낸이 김승빈
펴낸곳 도서출판 다문
펴낸곳 서울특별시 성북구 보문동 4가 90-4호
등록 1989년 5월 10일 등록번호 제6-85호
전화 02-924-1140, 1145 팩스 02-924-1147

ISBN 978-89-7146-035-1 13580

스트레스를 확! 풀어주는 유머

1박2일

한국유머연구회 엮음

다문

유머의
기능과 효과에 대해서

웃음이란 인간만이 가지고 있는
특권이다. 웃음은 몸에 좋다. 만병
의 근원인 스트레스를 해소하는 만병통치약이다.

한번 웃을 때마다 231개의 근육이 운동을 하게 되고
얼굴의 근육만도 15개가 운동을 하게 된다.

이렇게 웃음을 1분 여 동안 웃으면 10분간 조깅을

한 것과 같다. 계속 웃음을 지으면 면역에 관여하는 임파구들(T세포, B세포)을 자극하는 인터페론감마가 체내에서 200배나 증가해 면역력을 높여준다.

우리 몸의 호흡기와 소화기에 있는 면역 글로불린A도 증가해서 호흡기와 소화기 질환을 예방해 주는 효과도 있다. 그 뿐만 아니라 모르핀보다 200배나 효과가 강하다는 엔도르핀(생체엔도르핀)도 증가해 통증과 근심 걱정도 감소시키고 기분을 좋게 만들어 준다.

웃음은 심장의 힘도 좋게 한다. 플라스미노겐(plasminogen)을 증가시켜 혈전 생성도 막아준다. 최근 미국에서 많이 웃는 사람들에게 심장병 발병이 적다는 연구결과가 나왔다.

우리 몸에는 내장을 지배하는 교감신경 부교감신경 등 두 가지 자율신경이 있다. 놀람, 불안, 초조, 짜증 등은 교감신경을 예민하게 만들어 심장을 상하게 한다. 반면 웃음은 부교감신경을 자극해 심장을 천천히 뛰게 하며 몸 상태를 편안하게 해준다.

웃음은 스트레스와 분노, 긴장을 완화해 심장마비와 같은 돌연사도 예방해 준다. 미국 UCLA 대학병원의 프리드 박사는 하루 45분 웃으면 고혈압이나 스트레스 등 현대적인 질병치료가 가능하다고 발표했다.

웃음은 순환기를 깨끗하고 소화기관을 자극하며 혈압을 내려준다.

웃음은 암도 물리친다고 한다. 웃음은 병균을 막는 항체인 '인터페론감마'의 분비를 증가시켜 바이러스에 대한 저항력을 키워주며 세포조직의 증식에 도움을 준다. 이는 사람이 웃을 때 '엔도르핀'이라는 호르몬이 분비되기 때문이다.

18년간 웃음의 의학적 효과를 연구해 온 미국의 리

버트 박사는 웃음을 터뜨리는 사람의 피를 뽑아 분석해 보면 암을 일으키는 종양세포를 공격하는 '킬러세포(Killer cell)'가 많이 생성돼 있음을 알 수 있다고 밝혔다.

한국유머연구회

CONTENTS

2장 성인유머

3장 야담유머

스트레스를 확! 풀어주는

1장 일반유머

웃음은 '스트레스와 긴장을 풀어준다', '엔돌핀을 생성하여 통증을 완화시켜 준다', '혈액순환을 도와준다' 이와 같이 우리에게 큰 활력소가 됩니다. 정신적인 스트레스를 해소하기 위해서는 우리는 항상 긍정적으로 사고하고, 매사 명랑하고 쾌활하게 대처하는 습관을 길러야 합니다. 그러기 위해서는 웃으며 살 수 있는 유머를 생활화 해야 하는 것입니다.

기차는 출발하려고
기적을 울리는데

뒤는 마렵죠.

배는 아프죠.

기다리는 사람은 안 오죠.

차표는 바람에 날려가죠.

고무줄 끊어진 바지는 흘러내리죠.

들고 갈 짐은 많죠.

이럴 때 사람들의 지방별 특색

• 경상도 : 우째~~ 이런 일이!

　　　　　고마 딱 미치~~겠네!!! ㅜ.ㅜ

• 전라도 : 워 ~엇따매 사람 환장하겠네~~~~잉!!

- 서 울 : 어머머머머 몰라 몰라 몰라~~~~~ㅇ

- 충청도 : 얼래 우짬 좋대유~~~~~~~~~~

- 평안도 : 내래 어케하면 좋겠습네까?

- 함경도 : 무스그 이런 일이 있음둥?

- 강원도 : 정말 머리 아픈거래요~

- 연 변 : 우리 년변에서는요. 이런건 문제축에도 못~듭네다. 거저 거기다 더해가지고 서리 "이번 차 놓치문 내년에나 다음차가 온다~~" 싶어서리 되야 쬐금 조급해집니다. 거저 기차를 놓치고 내년에 오는 다음차 타겠구나 싶어서리 공원가서 1년쯤 놀다가 날짜 계산 잘못 해개지구 하루 늦게 와서 또 놓치면 그제서야 아이구 엎어논 밥 다 탔겠구나 ~ 야~

현대의
사자성어 풀이

- 개인지도 – 개가 사람을 가르친다.

- 고진감래 – 고생을 진탕하고 나면 감기몸살 온다.

- 구사일생 – 구차하게 사는 한 평생.

- 군계일학 – 군대에서는 계급이 일단 학력보다 우선
  이다.

- 발본색원 – 발기는 본래 섹스의 근원이다.

- 변화무쌍 – 변절한 화냥(x)은 무조건 (?)년이다.

- 사형선고 – 사정과 형편에 따라 선택하고 고른다.

- 삼고초려 – 쓰리고를 할 때는 초단을 조심하라.

- 새옹지마 – 새처럼 옹졸하게 지랄하지 마라.

- 요조숙녀 – 요강에 조용히 앉아서 잠이 든 여자.

- 이심전심 – 이순자 마음이 전두환 마음.

- **임전무퇴** – 임금님 앞에서는 침을 뱉어선 안 된다.

- **전라남도** – 홀딱 벗은 남자의 그림.

- **조족지혈** – 조기축구회 나가 족구하고 지랄하다 보는 피.

- **좌불안석** – 좌우지간 불고기는 안심을 석쇠에 구워야 제 맛이 난다.

- **죽마고우** – 죽치고 마주앉아 고스톱 치는 친구.

- **침소봉대** – 잠자리에서는 봉⑺이 대접을 받는다.

- **편집위원** – 편식과 집착은 위암의 원인이다.

- **포복절도** – 포복을 잘해야 도둑질을 잘한다.

- **희로애락** – 희희낙락 노닐다가 애 떨어질까 무섭다.

조지훈의
해학(諧謔) 이야기

청록파 시인 조지훈(芝薰 —본명은 동탁)은 48세의 젊은 나이에 세상을 떠났지만 짧은 생애임에도 주옥같은 시를 많이 남겼다.

그런데 실은 그의 시작품도 훌륭했지만 동서고금의 해학(諧謔)을 꿰뚫는 우스개잡담도 시 못지않게 유명해서 산만한 듯하면서도 조리 있고 육두문자 같으면서도 지혜롭고 품위 있는 그의 유머는 세상 사람들의 화제꺼리였다.

1. 그의 강의에는 음담패설도 자주 등장했다.

아호(雅號)인 지훈(芝薰)의 유래에 대해 이렇게 얘기를 했다 한다.

그가 스스로 밝힌 내용이다.

내 호가 처음에는 '지타(芝陀)'였지.

마침 경기여고 훈장으로 갔는데,

내 호를 말했더니 학생들이 얼굴을 붉히더군.

그래서 곰곰이 생각하니 '지타'라는 아호가 뜻이야

아주 고상하지만 성과 합성하니까 발음이 '조지타'가

되는데…

걔네들이 내 호에서 다른 무엇(?)을 연상했나 봐. ^-^

그래서 할 수 없이 '지훈'으로 고쳤어.

2. 어느 날 그는 강의 중에 이런 예화를 들었다.

옛날에 장님 영감과 벙어리 할멈이 부부로 살았는

데, 마침 이웃집에 불이 났어.

할멈이 화들짝 방으로 뛰어 들어오자,

영감이 "무슨 화급한 일이냐?"고 물었어.

할멈은 영감의 두 손으로 젖무덤을 만지게 한 후,
가슴에다 사람 인(人) 자를 그었대. (→ 火)
그러자 영감이 "불났군?" 하면서

"누구네 집이야?" 라고 다급하게 물었지.
그러자 할멈은 영감에게 입맞춤을 했대.

그러자 영감은
"뭐? 여(呂)씨 집이!" 라고 하면서 놀란 후
"그래, 어느 정도 탔나?" 라고 물었다나.

할멈은 영감의 남근(男根)을 꽉 잡았대.
그러자 영감은
"아이고, 다 타고 기둥만 남았군." 했다더군.

(이 글은 고금소총에 나오는 이야기이다. - 편자 주)

20

3. 하루는 학생들에게 한자의 파자(破字)[1]에 대해 질
   문하였다.

   "달밤(夕)에 개(犬)가 징검다리(灬)를 건너는 글자는?"
   "그럴 '연(然)' 자입니다."

   "나무(木) 위에서 '또(又) 또 또' 나팔 부는 글자는?"
   "뽕나무 '상(桑)' 자입니다."

   "그럼, 사람(人)이 외나무다리(一)를 건너는 글자는?"
   "……그것은 모르겠습니다."

   "자네도 참, 그렇게 쉬운 글자도 모르다니.
   그건 말이야. 한글 '스' 자라네."

---

[1] 파자(破字) : 한자의 자획을 풀어 나눔. '李' 자를 분해하여 '木子' 라 하는 따
위이다.

술꾼의 품격
18단계

   술을 즐겨 '주선(酒仙)'으로 통했던 시인 조지훈은 수필 『주도유단(酒道有段)』에서 술을 마신 연륜, 함께 마시는 상대, 마시는 기회, 마시는 동기, 마시는 격조, 품위, 스타일, 주량, 그리고 술버릇 등을 따져 주도(酒道) 18단계를 밝혀 놓았다.

• 9급 : 부주(不酒)

   술을 못 먹진 않으나 될 수 있으면 안 마시는 사람.

• 8급 : 외주(畏酒)

   술을 마시긴 하지만 겁내는 사람.

• 7급 : 민주(憫酒)

   마실 줄도 알고 겁내지도 않으나, 취하는 것을 민

망하게 여기는 사람.

• 6급 : 은주(隱酒)

마실 줄도 알고 겁내지 않고 취할 줄도 알지만, 돈
이 아까워 혼자 숨어서 마시는 사람.

• 5급 : 상주(商酒)

마실 줄도 알고 좋아도 하면서 잇속이 있을 때만
술을 마시는 사람.

• 4급 : 색주(色酒)

성생활을 위해 술을 마시는 사람.

• 3급 : 수주(睡酒)

잠을 자기 위해 술을 마시는 사람.

• 2급 : 반주(飯酒)

밥맛을 돋우려 술을 마시는 사람.

• 1급 : 학주(學酒)

술의 진경을 배우는 사람. 주졸(酒卒)

• 초단 : 애주(愛酒)

술의 취미를 맛보는 사람. 주도(酒徒)

- 2단 : 기주(嗜酒)

  술의 진미에 반한 사람. 주객(酒客)

- 3단 : 탐주(耽酒)

  술의 진경을 체득한 사람. 주호(酒豪)

- 4단 : 폭주(暴酒)

  주도(酒道)를 수련하는 사람. 주광(酒狂)

- 5단 : 장주(長酒)

  주도삼매(酒道三昧)에 든 사람. 주선(酒仙)

- 6단 : 석주(惜酒)

  술을 아끼고 인정을 아끼는 사람. 주현(酒賢)

- 7단 : 낙주(樂酒)

  술과 더불어 유유자적하는 사람. 주성(酒聖)

- 8단 : 관주(觀酒)

  술을 보고 즐거워하되 이미 술을 마실 수 없는 경
  지에 이른 사람. 주종(酒宗)

- 9단 : 폐주(廢酒)

  일명 열반주(涅槃酒), 술로 인해 다른 술 세상으로 떠
  나게 된 사람.

정통 주도
18단

　정통 선가(仙家)의 주도에는 악주(惡酒) 9단과 선주(善酒) 9단을 합쳐 모두 18단이 있다. 앞에서 조지훈(趙芝薰)의 주도 18단계는 일반 속인을 기준으로 한 것인데 비해, 선가의 주도 18단은 일반인, 수행자, 신선…… 등을 모두 포함하여 구분한 것이 특징이다.

1. 악주(惡酒) 9단

- 멋주 1단 : 술 맛도 모르고 멋으로 먹는 사람. 갓 술을 배운 사람.
- 맛주 2단 : 술 맛을 조금 알기 시작하는 단계. 어느 정도 마실 줄 아는 사람.

- 막주 3단 : 자신의 주량을 어기고 마구 마시는 사람. 술에 정신없이 빠져 들기 시작하는 단계로 폭주(暴酒)라고도 한다.

- 말주 4단 : 술만 마시면 말을 횡설수설하며 실언을 남발하는 사람. 언젠가는 말로 낭패를 겪게 된다.

- 잠주 5단 : 술만 마시면 아무 곳에서나 쓰러져 잠자고, 용변 또한 장소를 가리지 않는 추잡한 사람.

- 색주 6단 : 술만 마시면 어김없이 음탕한 곳을 찾는 사람. 소위 말하는 2차, 3차…… 따위를 즐기는 퇴폐적 사람.

- 투주 7단 : 술만 마시면 시비를 걸어 싸우는 사람. 다른 사람들에게도 피해를 입히는 쓰레기 같은 사람이다.

- 사주 8단 : 술을 죽도록 마시는 사람. 끝내 몸이 지탱하지 못하여 알코올 중독자나, 간암 등으로 폐인, 사망에 이른다.

• 귀주9단 : 죽어 귀신이 되어서도 술만 찾아다니는
         술귀. 이 정도 되면 술의 화신 정도는 너
         끈히 되었다고 할 만하다. 가히 입신의 경
         지인 것이다. 그래서 9단을 부여한다.

2. 선주(善酒) 9단

• 정주(靜酒) 1단 : 조용히 술을 음미하며 마시는 사람.

• 약주(藥酒) 2단 : 주량껏 마시거나, 가끔씩 반주로 마
           시는 사람.

• 화주(和酒) 3단 : 술을 마시며 주변 사람과 어울리고
           친해지는 사람.

• 풍주(風酒) 4단 : 자연을 벗 삼아 마실 줄 아는 사람.
           술맛을 제대로 알기 시작하는 단계
           이다.

• 생주(生酒) 5단 : 인생을 벗 삼아 마실 줄 아는 사람.
           정신세계에 갓 입문한 단계이다.

• 향주(香酒) 6단 : 술의 향으로써 마시는 사람. 술을 입

술에 살짝 적시고 그 향으로써 술을
마시는 단계. 현묘한 정신세계에 눈
을 뜬 단계이다.

• 기주(氣酒) 7단 : 술의 기운을 흡기하여 몸의 기운을
돌릴 줄 아는 단계. 수련으로 치면
소주천을 완성하고 대주천에 돌입한
단계이다.

• 선주(仙酒) 8단 : 9만리나 떨어진 곳에도 주기(酒氣)를
보내 친구와 술을 대작할 수 있는 단
계. 대주천과 출신(出神)을 이룬 단계.

• 천주(天酒) 9단 : 술을 마시지 않고도 무상의 법열을
영원히 누리는 진인(眞人)과 천신(天
神). 전지전능한 기화자(氣化者)의 경지
에 이른 단계이다.

고스톱으로 배우는 인생 10가지

1. '낙장불입' !!!

   순간의 실수가 큰 결과를 초래 아이들에게 '낙장불입'을 가르침으로써, 인생에서 한번 실수가 얼마나 크나큰 결과를 초래하는지 인과응보에 대해 깨우치게 한다는 주장이다.

2. '비풍초똥팔삼' !!!

   살면서 무엇인가를 포기해야 할 때 우선순위를 가르침으로써, 위기상황을 극복해가는 과정을 가르친다.

3. '밤일낮장' : 밤일과 낮일이 정해져 있다 !!!

   인생에서는 밤에 해야 할일과 낮에 할 일이 정해져

있으므로, 모든 일은 때에 맞추어 해야 함을 가르친다.

친다.

4. '광박' : 광 하나는 가지고 살아라 !!!

인생은 결국 힘 있는 놈이 이긴다는 무서운 사실을
가르침으로써, 광이 결국은 힘이라는 사실을 깨우
치게 해서 최소한 광 하나는 가지고 있어야 인생에
서 실패하지 않음을 깨우치게 한다.

5. '피박' !!!

쓸데없는 피(被)가 고스톱에서 얼마나 중요한지를
깨우치게 해서, 사소한 것이라도 결코 소홀히 보지
않도록 한다.

6. '쇼당' ; 현명한 판단력 있어야 생존 !!!

고스톱의 진수인 쇼당을 안다면 인생에서 양자택일
의 기로에 섰을 때, 현명한 판단력을 증진시킬 수
있다.

7. '독박' !!!

　무모한 모험이 실패했을 때 속이 뒤집히는 과정을
미리 체험함으로써, 무모한 짓을 삼가게 한다.

8. '고(GO)' !!!

　인생은 결국 승부라는 것을 가르쳐, 도전정신을 배
가시키고 배짱을 가르친다.

9. '스톱(STOP)' !!!

　안정된 투자 정신과 신중한 판단력을 증진시키며,
미래의 위험을 내다볼 수 있는 예측력을 가르친다.

10. '나가리' !!!

　인생은 곧 '나가리' 라는 허무를 깨닫게 해주어, 그
어려운 '노자사상' 을 단번에 이해하게 한다.

착각은
자유

- 남자들 – 못 생긴 여자는 꼬이기 쉬운 줄 안다.
- 여자들 – 남자들이 같은 방향으로 걷게 되면 관심
  있어 따라 오는 줄 안다.
- 부모들 – 자식들이 나이 들면 효도할 줄 안다.
- 육군 병장 – 지가 세상에서 제일 높은 줄 안다.
- 아가씨들 – 지들은 절대 아줌마가 안 될 줄 안다.
- 아줌마 – 화장하면 사람에게 예뻐 보이는 줄 안다.
- 연애하는 남녀 – 결혼만 하면 깨가 쏟아질 줄 안다.
- 시어머니 – 아들이 결혼하고도 부인보다 자기를 먼
  저 챙기는 줄 안다.
- 장인 장모 – 사위들은 처갓집 재산에 관심 없는 줄
  안다.

- 회사 사장 – 종업원들은 쪼아 붙이면 다 열심히 일
  하는 줄 안다.
- 아내 – 자기 남편은 젊고 예쁜 여자에 관심 없는
  줄 안다. 그리고 남편이 회사에서 적당히
  해도 안 잘리고 시간만 지나면 진급되는 줄
  안다.
- 남편 – 살림하는 여자들은 집에서 노는 줄 안다.
- 꼬마들 – 울고 떼쓰면 다 되는 줄 안다.
- 엄마들 – 자기애는 머리는 좋은데 열심히 안 해서
  공부 못하는 줄 안다.
- 대학생들 – 철 다 든 줄 안다. 대학만 졸업하면 앞
  날이 확 필 줄 안다.
- 카페지기 – 카페만 만들어 놓으면 회원이 늘어나는
  줄 안다.
- 카페회원 – 내가 매일 와서 눈팅하며 몰래 글 실어
  날라도 내가 왔다 갔다는 건 아무도 모
  를 줄 안다.
- 자기는 절대로 안 그런 줄 안다.

최강말발
50선

1. 겁을 일시불로 상실한 녀석.

2. 동거를 하고 싶다면 거동을 못하게 해 주마.

3. 제 어깨 편하죠? 제 어깨는 과학이랍니다.

4. 너 보다 비참한 녀석은 주문진 국도변의 오징어 처럼 널리고 널렸다.

5. 그 정도는 새 발의 피의 적혈구이다.

6. 그건 무슨 오락실에서 수학문제집 펴는 소리냐?

7. 날 한번만 유혹해주면 당신 앞에서 신고산처럼 와르르 무너질 텐데.

   → 아니 그게 무슨 공든 탑 같은 소리요?

8. 이제 보니 당신은 배려꾸러기군요. 도대체 당신의 그 배려는 신체의 어느 기관에서 나오는 건가요?

9. 굴러 들어온 복에 프리킥을 날리다니······.

10. 봄 향기가 코털을 애무하는 새 학기가 되면 여기
    저기서 마치 저글링처럼 캠퍼스커플이 생겨난다.

11. 내가 생긴 게 저화질이라고 의심하는 겁니까?

12. 당신의 고집은 100년 묵은 육포처럼 질기군요.

13. 아! 메가톤급 외로움이 텍사스 소떼처럼 몰려오
    는구나!

14. 아니 그게 무슨 오밤중에 끓는 물 마시고 벽치는
    소리요?

15. 하아~ 너무 놀라서 염통이 쫄깃해졌어.

16. 당신, 이 방대한 스케일의 카드 값은 뭐지?

17. 스스로 무녕왕릉을 파고 있구먼.

18. 설마 믿는 순두부에 이빨 빠개지는 일은 없겠지?

19. 쓸데없는 걱정이랑 모공 깊숙이 숨겨두렴.

20. 심도 있는 대화는 수족관 가서 빨판상어들하고
    나 나눠요.

21. 마치 모든 것이 후비면 후빌수록 더 안쪽으로 들
    어가 버리는 코딱지 같았던 짜증나는 나날들.

22. 아주 200만 화소로 꼴값을 떠는구나.

23. 이거 원 과도한 칭찬에 위가 더부룩합니다.

24. 당신은 정말이지 배려심이 해저 2만리군요.

25. 이런 천인공노 상을 수상할 사람 같으니.

26. 누가 볼지도 모른 척하고 빨리 뽀뽀해 줘.

27. 나는 미스코리아 뺨치는 그런 아내를 원해요.

  → 나중에 그는 미스코리아만 보면 뺨을 때리는
    아내를 얻게 되었다.

28. 그게 무슨 참치찌개에서 꽁치 튀어나오는 소리냐?

29. 걱정은 시멘트로 생매장 시켜 버리고 빨리 말해.

30. 이런 식으로 가다가는 나도 모르게 실성 사이다
  가 될지도 몰라.

31. 우라지게 더워서 몸에서 고기 삶는 냄새가 풀풀
  풍기네.

32. 오늘따라 좀 음산하군, 올록볼록 엠보싱마냥 소
  름이 돋는다.

33. 뛰어난 비주얼의 자연이 내 시신경을 열심히 마
  사지 하는구나.

34. 내 소원은 이 세상을 내 것으로 만들고 싶다는 것!
→ 나중에 '이 세상'이라는 남자와 살게 되었다.

35. 이거 정말 귀신이 랩할 노릇이군.

36. 제가 이래봬도 국가공인 재롱 자격증 2급입니다.

37. 벽에 전위예술 할 때까지 온전하게 살고 싶으면
그녀와 헤어져!

38. 레이디! 무슨 꿍따리로 나를 부르는가???

39. 별 10년 묵은 거지 빤쓰 같은 게 나타나서 기분
을 뒤엎고 있어!

40. 너는 무슨 술을 순박한 3월의 캠퍼스 새내기처
럼 쳐마시나?

41. 뭐라고? 안 들려! 내 귀에 스머프가 들어갔나 왜
이렇게 헛소리가 들리지?

42. 아! 이제 26년 동안 무기농법으로 키운 소중한
내 딸을 떠나보내야 하는가?

43. 초딩 코딱지만 한 제작비로 무슨 영화를 찍을 수
있겠소?

44. 나의 고질라 같은 마누라와 도끼 같은 자식들.

45. 이런 요한 씨밸리우스 같은 녀석을 그냥!

46. 괜스레 콘크리트 바닥에 계란 투척하지 마라.

47. 이런 젠장 찌개! 도저히 잠이 안 온다.

48. 아이쿠, 이런, 동공에 식초를 뿌린 듯한 눈꼴신
시퀀스구만…….

49. 이렇게 만나 뵙게 되어 영광 굴비입니다.

50. 그 말씀, 좌심방 좌심실에 고이 간직하겠습니다.

한 가지는
할 줄 안다네

집안 잔손질을 손수 하는데 재간이 있는 마누라가 어느 날 저녁 부엌에 타일 붙이는 일을 하고 있었는데 난 옆방에서 편히 쉬고 있었다. 그때 친구가 들렀다.

"자네가 할 줄 아는 일이라곤 아무 것도 없잖아?" 하고 그 친구는 빈정대며 묻는 것이었다.

"한 가지는 할 줄 안다네. 여자 보는 눈은 있다네."

거짓말
시계

죽은 사람이 천당에 갔다.

베드로 앞에 선 그의 시선을 끈 것은 베드로 뒤로 보이는 시계들이 잔뜩 걸린 어마어마하게 큰 벽이었다.

"저 시계들은 뭡니까?" 하고 그는 물었다.

"저것들은 거짓말 시계야. 지상에 있는 사람들에게는 저마다 저 시계가 있어서 거짓말을 할 적마다 시계 바늘이 움직인다네."

"저것은 누구의 시계입니까?"

"그건 테레사 여사 것이라네. 바늘이 한 번도 움직이
지를 않았어."

"그럼 저것은 누구 거고요?"

"저건 링컨의 시계야. 바늘이 꼭 두 번 움직였어."

"부시 대통령의 시계는 어디 있습니까?"

"그건 예수님 방에 있다네. 천장에 달아 놓고 선풍기
로 쓰고 계신다네."

어디를 가도
걸어 다녔다

조지가 운전면허를 땄다.

그는 목사인 아버지에게 자동차 사용문제를 의논하
자고 했다.

"이렇게 하자. 네 성적이 좋아지고 성경공부를 좀 하
며 머리를 짧게 깎는다면 그때 그 이야기를 하기로 하
자"고 아버지는 말했다.

한 달이 지나서 아들은 다시 나타났다.

"애, 장하다. 성적이 좋아지고 성경공부도 열심히 했

으니 말이다. 하지만 긴 머리는 그대로잖아." 아버지는
말했다.

그러자 아들은 "모세도 머리가 길었고, 예수님도 머
리가 길었잖아요!"라고 했다.

"그건 그래. 하지만 그 분들은 어디를 가도 걸어 다
녔어!"

고장 난
엘리베이터

난 아파트 24층에 산다.

오늘 엘리베이터가 고장 났다.

그래서 자장면을 시켜 먹었다.

난 자장면 배달을 한다.

오늘 배달전화가 와서 가보니 엘리베이터가 고장 나
있었다.

무려 24층 아파튼데. 자장면에 침 뱉었다.

난 자장면이다.

배달하란다. 24층이란다.

엘리베이터가 고장 났단다.

24층에 도달했을 때, 난 우동이 되었다.

나는 짬뽕이다
이 철가방속엔 자장면이 있어야 하는데
왜 내가 있는지 모르겠다.
짱깨는 열심히 계단으로 뛰고 있다.
불쌍하다. 내가 아닌데…….

난 아파트 1층에 산다.
밖에서 "1818"이란 소리가 들려서 몰래 쳐다보았다.
웬 노랑머리를 한 양아치 녀석이 자장면에 침을 뱉
고 있었다.

난 자장면 집 주인이다.
오늘 주문 전화가 와서 짱깨에게 자장면 배달을 시
켰다.
주소를 잘못 가르쳐줬다.

난 2층에 사는 사람이다.

엘리베이터가 고장 난 걸 보고 24층으로 중국집, 치킨집, 족발집 등지로 장난전화를 했다.

조금 있으니깐 배달하는 애들이 줄을 지어 계단을 오르고 있었다.

난 수위아저씨다.

한 짱깨 녀석이 24층을 쳐다보며, 얼굴이 달아오르더니만. 자기가 배달해온 자장면에 침을 탁~ 뱉고,

24층을 향해 질주하기 시작했다.

난 자장면 시켜먹은 삐리리 형이다.

자다 일어나보니 동생삐리리가 자장면을 먹고 있다.

하나 더 시켰다.

나 아까 배달한 짱깨다.

아까 시킨 삐리리 형이라는 사람! 진짜 고맙다. 안 그래도 그릇 찾으러 갈려고 하던 참이었는데 잘됐다.

참고로 나 주간알바다. 이제 곧 퇴근이다.

  엘리베이터 고장 나는 날은 24층에서 파티 하는 날
이냐?
  나 아파트 주민회장 인데 지금 짱깨고 뭐시기고 뭘
시켰기에 배달하는 애들이 단체로 계단을 오르내리냐.
  그리고 24층 니들 아파트 엘리베이터 고장 나면 니
네집 밥통도 고장 나냐?
  왜 만날 고장 나면 시켜 먹느냐. 궁금하다.

  무슨 짓이냐.
  난 엘리베이터다.
  새벽에 어떤 놈이 나타나서 고장도 안 났는데
  종이에 "고장" 이라고 써놓고 튀었다.
  덕분에 하루 종일 안 움직이고 좋긴 한데. 뭐가 이리
시끄럽냐.
  나 고장 안 났다.

정년퇴직 후에
얻은 감투

　반평생을 다니던 직장서 은퇴한 뒤 그동안 소홀했던
자기충전을 위해 대학원에 다니기 시작했다.

　처음에 나간 곳은 세계적인 명문인 하바드대학원.
이름은 그럴싸하지만 국내에 있는 하바드대학원은 하
는 일도 없이 바쁘게 드나드는 곳이다.

　하버드대학원을 수료하고는 동경대학원을 다녔다.
동네 경노당 이라는 것이다.

　동경대학원을 마치고 나니 방콕대학원이 기다리고
있었다.

방에 콕 들어 박혀 있는 것이다.

하바드→동경→방콕으로 갈수록 내려앉았지만 그래
도 국제적으로 놀았다고 할 수 있는데 그러는 사이 학
위라고 할까 감투라고 할까 하는 것도 몇 개 얻었다.

처음 얻은 것은 화백→화려한 백수.
이쯤은 잘 알려진 것이지만 지금부터는 별로 알려지
지 않은 것이다.
…
두 번째로는 '장노'다.
교회에 열심히 나가지도 않았는데 왠 장노냐고?

장기간 노는 사람을 장노라고 한다는군.

장노로 얼마간 있으니 '목사'가 되라는 것이다.
장노는 그렇다 치고 목사라니?
목적 없이 사는 사람이 목사라네 아멘!

기독교 감투만 쓰면 종교적으로 편향되었다고 할까
봐 불교 감투도 하나 썼다.

그럴듯하게 '지공선사'

지하철 공짜로 타고 경노석에 정좌하여 눈감고 참선
하니 지공선사 아닌가.

"나무관세음보살…… 똑똑똑……"

전두환식
영어

전두환 대통령이 청와대에서 주한 미국대사와 만났다.

대통령이 "오늘 만나서 대단히 반갑다"고 했고 이를 통역이 전하였다.

그러자 미국 대사는 "미 투(Me too)"라고 했는데 대통령이 이를 듣고 있다가 투(two) 다음에는 쓰리(Three)니까 나도 영어는 좀 안다는 식으로 "미 쓰리(Me three)"라고 했다.

그 때 옆에 있던 이순자 여사가 "자기 나 불렀어?"

김정일이 서울에
못 오는 이유

거리에는 총알택시가 너무 많다.

골목마다 대포집이 너무 많다.

간판에는 부대찌개가 너무 많다.

술집에서는 폭탄주가 너무 많다.

가정은 집집마다 핵가족이다.

넌 생머리도
안 어울려

어떤 분이 지하철을 타고 가는데 앞쪽에 커플이 앉아 있었대.

여자가 애교 섞으며 코맹맹이 소리로
"자기야~~ 나 파마머리 한거 어때? 별로 안 어울리는 거 같징 ㅠㅜ " 이랬는데

남자가
"넌 생머리도 안 어울려"

사람들은 빵 터지고 .

뼈 찾아갈 때
돈 드릴게요

라디오 사연이었나?

어떤 분이 치킨을 시켰는데 수중에 돈이 없었던거다.

근데 치킨은 이미 도착을 했고⋯⋯.

그 사람은 당황한 나머지 배달 알바생에게

"나중에 뼈 찾으러 올 때 드릴게요." 했다는⋯⋯.

근데 배달 알바생이

"알겠습니다." 하고 나갔다고⋯⋯.

몇 분 뒤엔가 다시 찾아와서는

"뼈는 안 찾아간다"고 ㅋㅋㅋ~

알고 보니 알바생도 며칠 전까지 중국집 배달 알바
생이었다는 거.

그래서 알바생도 헷갈렸었다는 거.

몇 가지
토막 유머

1. 형부랑 아기 옷 사러 갔는데 형부가 강아지 옷 파는 가판대에서 정신없이 옷 고르고 있는데 옆에서 계속 누가 "개 키워요?" 이러면서 물어보는데 형부는 못 듣고 뭐에 홀린 사람처럼 계속 옷만 고르고 있었다는…….

2. 자기 집 강아지가 옆집에서 키우는 토끼를 물고 왔는데 토끼가 흙투성이가 된 채로 죽어있었다고. 식겁해서 토끼 흙 묻은 거 깨끗하게 씻기고 옆집에 몰래 갖다놨는데 다음 날 옆집사람 왈 "웬 미친놈이 죽어서 묻은 토끼를 씻겨놨다……."

3. 동물 다큐프로에서 엄청 큰 상어가 나오니까 보고 계시던 할머니께서 "저게 고래냐 상어냐~" 하셨는데 그 순간 성우가 "저것은 고래상어다."

4. 친구한테 민토 앞에서 보자고 했더니 민병철 토익학원 앞에 서있었다는 아이.

5. 잘생긴 남자가 윙크하면 : 부킹제의
   못생긴 남자가 윙크하면 : 꼴갑

   멋진 남자가 손을 잡으면 : 세련된 제스처
   재수 없게 생긴 남자가 손을 잡으면 : 성희롱

   짝사랑하는 남자가 몸을 기대면 : 애정표현
   관심도 없던 남자가 몸을 기대면 : 성추행

술과 담배의
상관관계

임표는 술과 담배를 멀리 했는데 63세에 죽었고,

주은래는 술은 즐기고 담배는 멀리했는데 73세에 죽었고,

모택동은 술은 멀리하고 담배를 즐겼는데 83세까지 살았고,

등소평은 술도 즐기고 담배도 즐겼는데 무려 93세까지 살았다.

그리고 장개석군대의 부사령관을 지낸 장학량은

술과 담배와 여색을 모두 가까이 했는데도 103세까지 살았다.

그런데 정작 우스운 것은…….

현재 128세나 되는 중국 최고령의 노파를 인민일보 기자가 만나

"할머니의 건강 장수비결은 뭡니까?" 라고 질문 하니까,

"응. 담배는 건강에 나빠. 그러니 피우지 마! 나도 5년 전에 끊었거든. 그러나 섹스는 적당히 즐겨 ^.~" 라고 말 했다고 !!

유명 인사들의
고스톱

1. 김영삼!

매일 입버릇처럼 '학~실이 따겠다' 고
하지만 매일 잃는다.
고스톱 규칙을 아직도 몰라
그냥 그림만 보고 친다.

2. 노대우!

주위에서 시키는 대로만 치다가 다 잃는다.
어쩌다 땄을 땐 다 잃었으니
개평 좀 달라고 발뺌한다.

3. 전두완!

잃으면 판을 뒤집고는
사기라고 버럭버럭 소리치면서 돈을 도로 뺏어온다.
누가 이에 대해 항의하면
즉시 장새동이 시켜 안가부나 심청교육대로 보낸다.

4. 이희창!

무조건 오광(五光)을 노리다가 다 잃는다.
주위에서 말리며 왜 고스톱을 그렇게 치냐고 하면
자신은 대쪽이라며 계속 그렇게 치다가 또 다 잃는다.

5. 김중필!

주로 광만 판다.
때로는 쇼당으로 상대방들 중 한 명에게 결정적인
도움을 준다.

크게 따지는 못하지만 조금씩 꾸준히 실리를 챙기며
판이 끝날 때까지 오링 안 당하고 잘 버틴다.

6. 박찬중!

늘 '깨끗한 화투를 치겠다' 며
똥은 절대 안 먹다가 매일 잃는다.
어쩌다가 피 대신에 똥광 먹다가 피박 당한다.

7. 이안재!

늘 젊은 사람이 고스톱을 잘 친다고
우기지만 매일 잃는다.
다 잃고 나면 부정화투라고
주장하며 옆에 있는 포커 판에 가서
저기 고스톱 판 사기라고 비난한다.
돈이 없기 때문에 주로 빌려서 치는데
잃어도 안 갚고 딴 데 가서 또 빌려 친다.

웃기는 거시기
베스트 30

1. 이상하다? 어젯밤에 방에서 맥주를 마시다가 화
   장실 가기 귀찮아서 맥주병에 오줌을 쌌는데, 아
   침에 일어나보니 모두 빈병뿐이다. 도대체 오줌
   이 어디로 갔지?

2. 친구들과 술 마시고 밤늦게 집에 들어와 이불속에
   들어가는데 마누라가 "당신이에요?" 라고 묻더라.
   몰라서 묻는 걸까? 아님 딴 놈이 있는 걸까?

3. 이제 곧 이사해야 하는데 집주인이란 작자가 와서
   는 3년 전 우리가 이사 오던 때와 같이 원상대로 복
   구 시켜놓고 가라니, 그 많은 바퀴벌레는 어디 가

서 구하지?

4. "나 원 참!"이 맞는 걸까? "원 참 나!"가 맞는 것일
   까? 어휴! 대학까지 다녀놓고? 이 정도도 모르고
   있으니 "참 나 원!"

5. 어떤 씨름선수는 힘이 세지라고 쇠고기만 먹는다
   는데, 왜? 나는 그렇게 물고기를 많이 먹는데 수
   영을 못 할까?

6. 오랜만에 레스토랑에 가서 돈가스를 먹다가 콧잔
   등이 가려워 스푼으로 긁었다. 그랬더니 마누라
   가 그게 무슨 짓이냐며 나무랐다. 그럼 포크나 나
   이프로 긁으라는 걸까?

7. 물고기의 IQ는 0.7이라는데, 그런 물고기를 놓치
   는 낚시꾼들은 아이큐가 얼마일까?

8. 우리 마누라는 온갖 정성을 들여 눈 화장을 하더니 갑자기 선글라스를 쓰는 이유는 무엇일까?

9. 왜? 하필 물가가 제일 비싼 시기에 명절을 만들어서 우리 같은 서민들을 비참하게 만드는 걸까?

10. 공중변소에는 온통 신사용과 숙녀용으로만 구분해 놓았으니, 도대체 나 같은 건달과 아이들은 어디서 일을 보아야 하는가?

11. "짐승만도 못한 놈"과 "짐승보다 더한 놈" 중 도대체 어느 놈이 더 나쁠까?

12. 참으로 조물주는 신통방통하다. 어떻게 인간들이 안경을 만들어 걸줄 알고 귀를 거기다 달아 놓았지?

13. 대문 앞에다 크게 "개조심"이라고 써놓은 사람

의 마음은, 조심하라는 선한 마음일까? 물려도
책임 못 진다는 고약한 마음일까?

14. 법조인들끼리 소송이 걸렸다면 아무래도 경험이
    풍부한 범죄자들이 심판하는 게 공정하겠죠?

15. 하루밖에 못 산다는 하루살이들은 도대체 밤이
    되면 잠을 잘까? 죽을까?

16. "소변금지" 라고 쓰여 있고 그 옆에 커다란 가위
    가 그려져 있다. 그럼 여기는 여자들만 볼일 보
    는 곳일까? 아니면 일을 보면 거기가 잘린다는
    것일까?

17. 언제나 동네사람들이 나보고 통반장 다 해 먹으
    라고 하더니 왜 통장 한번 시켜 달라는데 저렇게
    안 된다고 난리일까?

18. 고래나 상어들은 참치를 먹는다는데, 도대체 그 녀석들은 어떻게 통조림을 따는 것일까?

19. 사귄지 얼마 안 된 그녀와 기차여행을 하는데 "터널이 이렇게 길 줄 알았다면 눈 딱 감고 키스 해보는 건데" 하고 후회하고 있는데, 갑자기 그 녀가 얼굴을 붉히며 "어머!?자기 그렇게 대담할 줄이야, 나 자기 사랑할 것 같아" 라고 하더군요. 도대체 어떤 놈일까?

20. 머리가 파뿌리 될 때까지 사랑하겠냐는 주례 선 생님! 도대체 대머리인 나에게 무얼 어쩌라고 저 렇게 쳐다보는 걸까?

21. 70대 남편과 사별한 30대 미망인은 슬플까? 기 쁠까?

22. 여자 친구에게 키스를 했더니 입술을 도둑맞았

다고 흘겨본다. 다시 입술을 돌려주고 싶은데 순
순히 받아줄까?

23. 비싼 돈 주고 술을 마신 사람이 왜 갑자기 먹은
    것을 확인해 보려고 저렇게 웩웩거리며 애쓰고
    있는 것일까?

24. 화장실 벽에 "낙서금지"라고 쓰여 있는 것은 낙
    서일까? 아닐까?

25. 낙서금지라……. 그림은 그려도 된다는 것일까?

26. 대중목욕탕을 혼탕으로 만들자는 말에 남자들은
    큰소리로 말하고, 여자들은 가느다란 목소리로
    찬성한다는데, 혼탕이 생기면 남자들이 많이 찾
    을까? 여자들이 많이 찾을까?

27. 요즘 속셈학원이 많이 생겼다는데 도대체 무얼

가르치겠다는 속셈일까?

28. 피임약 광고모델은 처녀일까? 유부녀일까?

29. 가난한 청춘남녀가 데이트를 하다가 배가 고파
서 중국집에 들어갔다. 남자가 "자장면 먹을래?"
라고 묻는다면, 자장면을 먹으라는 애원일까?
다른 것도 괜찮다는 말일까?

30. 이 글을 읽는 사람들은 웃을까? 아님 그냥 넘어
갈까?

외국인 이름
한자해석

1. 니콜 키드먼 : 泥汨 器豆滿(니골 기두만)

그릇에 가득 채운 콩이 흙에 빠졌다.

2. 줄리아 로버츠 : 茁梨阿 蘆甫姝(줄리아 로보주)

풀이 자라나 배나무가 되고 언덕에 갈대가 길게 자

라니 예쁘다.

3. 주드 로 : 晝豆 露(주두 로)

대낮에도 아직 이슬이 맺혀있다.

4. 짐 캐리 : 斟 嶺里(짐 개리)

술을 따라 마시며 즐기는 마을.

5. 마돈나 : 馬頓拏(마돈나)

　말들을 조아려 붙잡다.

6. 멕 라이언 : 麥 拏二偶(맥 라이언)

　보리를 두 개 붙잡고 쓰러지다.

7. 레오나르도 디카프리오 : 來塽螺累挑 池迦窩裡汚

(래오나루도 지가부리오)

　강가에서 소라를 잡아가는데 연못에 막혀 못가서 소

　라가 썩었다.

8. 부시 : 部屎(부시)

　무더기로 싼 똥(!!!!!!)

외계인과
두부장수

어느 날 외계인이 두부장수 앞에 내려앉았다.

두부장수가 빤히 쳐다보니깐

외계인 : 손을 위에서 아래로 내렸다.

두부장수 : 손을 아래에서 위로 올렸다.

외계인 : 손가락 세 개를 펼쳐들었다.

두부장수 : 손가락 다섯 개를 펼쳐들었다.

외계인 : 손을 내밀며 오라는 뜻의 행동을 했다.

두부장수 : 수레에 손을 가져갔다.

외계인 : 도망쳤다.

외계인은 이 일이 있던 후 고향으로 가서 동료들에게 이렇게 애기했다.

내가 어떤 사람에게 하늘에서 내려왔다니깐 그 사람은 땅에서 솟아올라왔다고 말했어. 그 후에 난 무기가 3개 있다고 말했는데 그 사람은 무기가 5개 있다고 말한 거야! 그래서 보여 달라고 했더니 진짜 가져 오려고 하는 거야! 그래서 도망쳤지…….

두부장수는 이 일이 있던 후 동네로 가서 동료들에게 이렇게 얘기했다.

외계인이 내 앞에 내려오니깐 두부 값이 내려갔냐고 물었는데 난 올랐다고 말했지. 두부 한 개가 3백 원이냐는 말에 난 5백 원이라고 말했지. 그랬더니 가져오라는 말에 난 수레에 두부를 가지러 갔지. 뒤돌아보니깐 외계인이 없더라고…….

돼지들은
하지 않는다네

예수를 믿는 농부가 도시에 일보러 나와 점심을 먹으려고 식당에 들어간 그는 젊은 망나니들 한 패거리가 앉아있는 옆에 자리 잡았다.

그가 고개를 숙이고 식전 감사기도를 하자 녀석들 중 하나가 농부를 상대로 장난치기로 마음먹었다.

"이봐요 농부 아저씨, 당신네 고장에선 모두가 그렇게들 해요?"

노인은 침착하게 대답했다.
"아닐세, 젊은이, 돼지들은 하지 않는다네 !"

억울한 사연
있습니다

7, 8, 9층 아저씨들이 한날한시에 돌아가시어 저승에 끌려갔습니다.

서로 자기들이 억울하게 죽었다고 하소연을 하니, 짜증나는 염라대왕, 차례로 사연을 말해 보라고 합니다.

7층에 사는 사람이 먼저 말합니다.

"지는 정말 억울하게 죽었걸랑요. 간만에 회사가 일찍 끝나 집에 일찍 들어갔습니다. 근데 초인종을 아무리 눌러도 이노무 여편네가 문을 안 열어 주는 거예요. 아무래도 이상해서 문을 열어 봤는데 어라! 이런! 문이 그냥 열리는 거예요.

그래, 이건 뭔가 있다! 아무래도 수상해…….

앗!!!! 현관에 못 보던....남자 신발이....?

그래서 방을 뒤지려는 순간…….

여편네가 욕실에서 땀을 흘리며 나오는 거예요.

허걱! 그래, 잡히면 주거쓰…….

열심히 집안을 샅샅이 뒤지기 시작했습니다.

아무리 집안을 뒤져도 증거(범인)를 못 찾겠는 거예요.

너무 답답해서 베란다로 가서 담배를 한 모금 빨았

죠……. 휴우~~

그런데…… 빙고!

거기에서 그 노무시키를 발견한 거죠.

베란다 끝에 간신히 매달려 있는 10개의 손가락

들…….

그래서 그 손가락들을 하나씩…….

하나씩 펴서 떨어뜨렸죠.

그런데 그 시키가 그래도 살아 보겠다고

나무에 매달려 있는 거예요.

너무 열받은 나머지…….

버리려고 베란다에 놓았던 냉장고를 집어 던졌죠.

그런데 그만 냉장고 코드에 발이 감겨서…….

저도 떨어졌어요.

정말 억울해요……. 우어우어~"

그말을 듣던 8층 남자가 웃기 시작했습니다.

"ㅎㅏㅎㅏㅎㅏ…….

너는 억울하게 죽은 것도 아녀…….

나야말로 정말 억울하게 죽은겨…….

날씨가 맑은 날이었죠…….

베란다 청소를 하고 있었어요.

청소가 거의 끝날 무렵 한숨을 돌리던 찰나 허거덕!

그만 비누를 밟은 거예요. 으아악~~~~

베란다 밑으로 떨어졌죠.

하지만…… 그래도 살아보겠다고
아래층 베란다를 간신히 잡았죠.

근데 어떤 시키가 오더니만
내 손가락을 하나씩…… 하나씩…… 펴는 거예요
정말, 살고 싶었는데…….
그래도 살아보겠다고…… 떨어지던
와중에 나뭇가지를 잡았죠
근데, 그 싸가지 없는 시키가 살아보겠다는 나에게
냉장고까지 던지는 거예요.”

근데, 9층에 사는 남자는 머리만 긁적이고 있었습
니다.
궁금한 염라대왕이 9층 살던 남자에게 물어봤습니다.
넌 왜 여기 왔니?
9층 살던 남자가 말했습니다.

“전 9층에 살았걸랑요.

어느 날 소포가 왔어요.

근데 저희 집 주소가 아닌 거예요. 7XX호 더라고요.

그래서 그 집에 찾아갔어요.

벨을 눌러도 아무도 안 나오더라고요.

문을 밀었죠. 열리더라고요. 들어갔죠.

탁자에 소포를 놓고 나오려는데

갑자기 벨이 울리는 거예요.

ㅇ ㅔ ㄱ ㅓ ! 깜짝이야

너무 놀란 나머지 베란다 냉장고에 숨었죠.

그 뒤론 기억이 안 나는데요?"

염라대왕도 기가 막혀~~~할 말이 없네요!

여자를
사귀는 법

남 : 동전 좀 빌려 주실래요?

여 : 뭐하시게요?

남 : 어머니께 전화해서 꿈에 그리던 여인을 만났노
라고 말하게요

남 : 응급처치 할 줄 아세요?

여 : 왜요?

남 : 당신이 제 심장을 멎게 하거든요!!

남 : 길 좀 알려 주시겠어요?

여 : 어디요?

남 : 당신마음으로 가는 길이요.

남 : 당신이 내 눈의 눈물이라면 절대로 울지 않을 겁니다.

여 : ???

남 : 당신을 잃을까 두려 우니까요!

남 : 당신에게 지금 입고 있는 셔츠 상표 봐도 되냐고 묻고 싶어요.

여 : 왜요?

남 : 천사표 인가 보려고요 *^^*

남 : 당신은 나로 하여금 피곤하시겠어요.

여 : 왜요?

남 : 하루 종일 제 머리에서 돌아다니니까요.

여자들의
속마음

- 착하고 돈 없는 남자 - 불쌍하다.

- 똑똑하고 돈 없는 남자 - 재수 없다.

- 유식하고 돈 없는 남자 - 짜증난다.

- 애교 많고 돈 없는 남자 - 영양가 없다.

- 검소하고 돈 없는 남자 - 멍청하다.

- 재미있고 돈 없는 남자 - 재미없다.

- 주위에 여자가 많고 돈 없는 남자 - 존재할 수 없다.

- 집안 좋고 돈 없는 남자 - 관심 없다. 사업하다 망
  한 집안

그렇다면!!!,
- 성질 더럽고 돈 많은 남자 - 사업가 기질이 있군!

- 돌 머린데 돈 많은 남자 – 역시 돈 버는 머리는 따로 있어!
- 무식하고 돈 많은 남자 – 어머 순진하기까지
- 왕내숭에 돈 많은 남자 – 어쩜 완벽한 포커페이스야!
- 뻣뻣하고 돈 많은 남자 – 애교로 녹인다?
- 허영에 돈 많은 남자 – 같이 허영에 동참해야지!
- 썰렁하고 돈 많은 남자 – 그건 썰렁한 게 아니다!
- 주위에 여자가 많고 돈 많은 남자 – 언젠간 내가 널 사로잡아 버릴 거야!
- 집안 변변찮고 돈 많은 남자 – 그 의지력에 감탄. 존경해용.
- 집안 좋고 돈 많은 남자 – 역시 사람은 출신이 중요한다니깐!

너
예수 해

　어머니가 두 아들인 다섯 살 된 케빈과 세 살 된 라이언에게 줄 핫케이크를 굽고 있었다. 처음 구운 것을 누가 먹을 것인가를 두고 두 녀석은 옥신각신했다.

　어머니는 녀석들에게 도덕을 가르칠 좋은 기회다 싶어 말씀하셨다.
　"만약 예수께서 이 자리에 계시다면 나는 나중에 먹어도 되니 내 형제들로 하여금 먼저 먹게 하라고 하실 거다."

　그러자 케빈이 동생에게 말했다.
　"라이언, 너 예수 해!"

여보!
나 가볍지

남편님과 마눌님께서 가파른 산을 오르고 있었다..

마눌님이 너무 힘이 드신지 애교 섞인 목소리로 남편님에게

"쟈가~ 나 좀 업어줘!"

남편은 무지 힘들었지만 남자체면에 할 수 없이 업었다.

그런데…… 마눌님이 얄밉게 묻는다.

"여봉~!!– 나 무거워??"

그러자 남편 왈~ 담담한 목소리로

"그럼~ 무겁지..!!
얼굴 철판이지, 머리 돌이지, 간은 부었지……."

이어 남편이 마눌님을 내려놓고 둘이 같이 걷다가
너무 지친 남편이,
"여보~ 나두 좀 업어줘 봐봐..!"

기가 막힌 마눌님이... 그래도 할 수 없이 남편을 업
는다. 이 때 남편님 약 올리는 목소리로
"그래도 생각보다 가볍지?"

마눌님이 찬찬하고 자상한 목소리로 입가에 미소까
지 띄우며,
"그럼~ 가볍지.
머리 비었지, 허파에 바람들어갔지.
양심 없지, 싸가지 없지.
너~~~무 가볍지!"

이제 예배를
보시지요

어느 주일 아침 큰 교회에는 사람들이 넘쳐나도록
모여들었다.

목사가 설교를 막 시작하려는 순간 트렌치코트 차림
의 두 사내가 교회에 들어섰다.

한 사람은 뒤쪽에 남고 다른 한 사람은 가운데로 걸
어 나왔다.

이윽고 두 사람은 코트에서 기관단총을 꺼냈다. 그
리고는 중앙에 나와 있는 사내가 소리쳤다.

"예수를 위해 총탄을 맞을 각오가 된 사람만 자리에 남으시오!"

당연한 일로 신도들은 자리를 비웠고 합창단과 부목사도 뒤따라 나갔다.

남은 사람은 순식간에 20명 정도로 줄었다. 목사는 설교단을 지키고 있었다.

사내들은 총을 치우고 목사를 보고 점잖게 말했다.

"위선자들은 죄다 사라졌습니다. 이제 예배를 보시지요."

낙서
대화

어느 대학교 남자화장실 낙서

"신은 죽었다. – 니체"

그다음 날 그 낙서 밑에

"니체는 죽었다. – 신"

그 다음 날 그 낙서 밑에

"니들 걸리면 죽는다. – 청소아줌마"

어느 교회집사의
당황, 슬픔, 쇼킹 차이

당황 – 교회버스 타려 나섰는데 뒤가 갑자기 마려울 때

슬픔 – 참으며 버스 탔는데 계속 방귀가 나올 때

쇼킹 – 응아가 함께 나온 줄 알았을 때

당황 – 예배기도를 내가 하는지 모르고 주보 받았는
데 내이름 있을 때

슬픔 – 찬송시간에 쪽지에 열나 기도문 적을 때

쇼킹 – 기도하러 갔는데 적은 쪽지 안가지고 나갔을 때

당황 – 설교본문 히브리서가 구약인줄 알고 구약성
경 뒤적일 때

슬픔 – 성경본문 못 찾고 헤매고 있는데 목사님이 교

독하자며 나부터 시킬 때

쇼킹 – 성경본문 읽으려고 폈는데 한문성경 일 때

당황 – 설교시간에 자꾸 졸음이 밀려올 때

슬픔 – 졸고 있는데 옆 사람도 함께 졸 때

쇼킹 – 난 그냥 조는데 옆사람은 코골 때

당황 – 예배 중 핸드폰 울릴 때

슬픔 – 핸드폰 꺼놓고 예배 드렸는데 하루 종일 계속
　　　 꺼놨을 때

쇼킹 – 예배 중 울린 핸드폰 소리가 댄스음악 일 때

당황 – 헌금 내려고 지갑 꺼냈는데 10만 원짜리 수표
　　　 만 달랑 한 장 있을 때

슬픔 – 친구에게 1,000원 짜리 지폐 한 장 꿀 때

쇼킹 – 예배 끝나고 지갑 열었는데 1,000원 짜리 한
　　　 장이 들어 있을 때

엄마
모집 광고

1. 직종 :

　장기직이며 때로는 어수선한 환경에서도 힘든 일을
해야 하는 팀 플레이어를 원합니다.

　응모자는 의사소통의 능력이 훌륭해야 하며 정돈하
는 기술을 겸비하고 항상 가동적인 근무시간에 불평
없이 일을 해야 합니다.

　때로는 밤에도 일을 해야 하며 때론 24시간 대기해
야 하고, 비오는 밤에 야산에서 야영을 하는 아이들을
찾아가서 밤을 새기도 하고 먼 곳에서 치루는 아이들
의 운동경기에도 따라가야 합니다.

여행비용은 변상되지 않습니다.

심부름도 많이 해야 합니다.

2. 직무 :

근무기간은 생을 마칠 때까지입니다.

잠시나마 단돈 5달러를 달라고 졸라대는 아이로부터 미움을 받기도 하는데, 그때에도 속상해 해서는 안됩니다.

화가 치밀어도 꾹 참아야 합니다.

짐을 나르는 노새처럼 육체적 스태미나가 있어야 하며, 뒷마당에서 야단이 난 것처럼 울어대는 소리가 나면 즉각 3초 이내로 시속 90킬로에 이르는 가속도로 뛰어가야 합니다.

그뿐만이 아닙니다. 상당한 기술도 겸비해야 합니다. 고장 난 전자 장난감도 고쳐야 하며 자주 막히는 변기도 뚫어야 합니다.

작동하지 않는 아이들의 지퍼도 고쳐주고, 집에 걸려오는 전화를 아이들에게 유해전화가 아닌지를 확인 선별해야 하며, 여러 숙제를 관리하기 위하여 일력을 자세히 기입하고 숙제하는 일을 감독해야 합니다.

철이 덜 든 여러 연령층의 고객 활동을 위해 계획도 잘 짜고 책임져야 할 고객들이 제대로 참여하도록 그들을 관리해야 합니다.

일분의 시간도 한눈을 팔아서는 안 됩니다.
잠시라도 한눈을 팔면 낭패 당하며 수도 없이 많이 범람하는 플라스틱 장난감과 전지로 작동하는 여러 장비들을 조립도 해야 하고 그들이 안전한지를 점검해야 합니다.

언제나 모든 일이 잘되기를 바라야 하지만 어떤 때

에는 최악의 상황도 각오를 해야 합니다.

책임져야 할 고객들이 최종적으로 어떤 품질의 인간이 되든지 궁극적이고 절대적인 책임을 져야 합니다.

직무에는 바닥을 닦는 일과 맡겨진 시설 내의 모든 청소일이 포함되어 있습니다.

3. 승진 가능성 :

승진 가능성은 거의 없습니다.
전근이나 승진의 기회는 없더라도 불평을 해서는 안 됩니다.

자신의 솜씨를 계속 연마하여 책임을 맡은 모든 사람들이 결국 다 앞질러 가도록 해야 합니다.

4. 경험 :

다행하게도 경험은 요하지 않습니다.

직무를 수행하면서 쉬지 않고 훈련을 끝도 없이 기진맥진하도록 받아야 합니다.

5. 봉급과 상여금 :

봉급이요? 이 직업의 봉급 개념은 받는 것이 아니라 오히려 지불해야 하는 역봉급직입니다.

또한 봉급을 지불하지만 자주 올려주어야 하며 책임 맡은 사람이 만 18세에 대학교에 가는데 그 때에는 목돈을 써야 합니다.

오직 대학교육이 학생들에게 자립하는 것을 가르쳐 주기를 기대합니다.

이 세상을 떠나게 될 때에는 소유한 모든 것을 책임 맡은 자들에게 남겨주어야 합니다.

이런 역 봉급제도인데도 신기한 것은 봉급을 주는 것이 기쁘고 더 주지 못한 것을 못내 아쉬워합니다.

6. 혜택 :

이상과 같은 일을 하는 동안 건강보험 은퇴연금제
도, 수업료 변상 등은 전무입니다.

유급 휴가도 없고 주식 옵션도 없습니다.

이 직업은 인간을 개발하는 무한한 기회를 갖게 되
며, 일만 제대로 하면 자라난 아이들로부터 무수한 껴
안음을 받게 됩니다. 그게 전부입니다.

※ 이 글은 미국에서 발행하는 한 지역신문에 어머니날을 기
   하여 실린 글로 작자는 미상이랍니다.

까불지 마,
웃기지마

아내가 여행을 가며 냉장고에
"까불지 마" 라고 붙였다.

그 뜻인 즉,
'까스 조심하고'
'불조심하고'
'지퍼 함부로 내리지 말고'
'마누라에게 전화하지 말라'

이를 본 남편,
그 즉시 메모를 떼어내고 대신
'웃기지 마' 라고 붙였다.

그 뜻인즉, (아내가 여행가고 없으니)

'웃음이 절로 나오고'

'기분이 너무 좋고'

'지퍼 내릴 일도 많아지고'

'마누라에게 전화 할 시간도 없네.'

섹스보다
유머가 좋은 이유

유머나 섹스 모두 인간의 유희적 행위다. 상대가 있
고, 생산이 있고, 원칙이 있다.

유머는 시대 최고의 종합예술이라면, 섹스는 동물
고유의 본성의 하나다.

섹스보다 유머가 좋은 이유는?

1. 유머는 체력을 소모하지 않고 상대에게 짜릿함을
   줄 수가 있다. 유머는 짧은 구성과 전개로 웃음과
   감동을 준다. 소설처럼 길지 않아도 새로운 정신
   과 웃음, 그리고 감동과 정서를 무한정으로 창조

할 수 있기에…….

2. 유머는 나이에 상관없이 누구나 즐길 수 있다. 유머는 나이에 상관없이 만들고 즐길 수 있다. 단순 구조 속에 세상의 이치와 현상계의 사실을 담는다. 또한 누구나 비법을 공부하면 훌륭한 유머를 만들 수 있기에…….

3. 한 뒤에 허망함과 허탈함이 적다. 섹스 후에는 다수가 허탈함을 느낀다. 들어갈 때와 나올 때 감정에 상당한 차이가 있다. 그토록 목을 매며 꼬인 사이도 섹스하고 나면 별것이 아니라고 생각하지만 유머를 하고 나면 만족감을 느낀다. 나쁜 유머는 허탈함을 주지만 웬만한 유머는 상쾌함을 준다. 활력소가 된다. 마시는 차에서 느끼는 향기가 있다.

4. 상처를 덜 입는다. 기대와 다른 섹스는 허상에 시달리고 상처를 입지만, 유머는 기쁨과 참신함을

준다. 물론 심성을 해치는 유머도 있지만, 정신적
상처를 덜 입는다.

5. 유머는 제한(구속) 사항이 적다. 유머는 자유를 지
향한다. 연극처럼 무대도 필요치 않고, 영화처럼
자본을 필요치 않고, 학문처럼 권위와 세력을 필
요치 않고, 유머를 통해 바른말을 하더라도 누가
시비(?) 걸기가 껄끄럽고, 마음만 먹으면 생활 속
에서 유머를 보고 스스로 만들 수 있다.

6. 유머는 정직하고 욕구 발산이 쉽다. 유머는 인간
의 정서를 가감 없이 드러내며 갇혀 있는 욕구를
발산시킨다.

7. 비용이 적게 든다. 섹스도 순간적인 황홀함과 무
아의 경지에 이르게 하지만 시간과 에너지의 낭비
가 심대하다. 유머는 표현 능력과 비법에 따라서
황홀감을 준다. 거의 돈 한 푼 들이지 않고…….

8. 유머는 정신적 에너지를 생산한다. 섹스는 에너지를 방출시키지만, 유머는 카타르시스 역할, 정서 배출, 정신을 창출한다.

9. 유머는 사회 순화와 정화에 기여한다. 잘못된 섹스는 개인을 파국에 이르게 하고 사회를 병들게 하지만, 유머가 있는 곳은 부드럽고 인간애가 흐른다.

유머는 건강하고 고상하게 만든다. 섹스는 할수록 짜릿함이 감소하고 추해지지만, 유머는 할수록 고상해지고 사람이 따른다.

세월 따라
속담도 변하는구려

1. 남녀칠세부동석

지금은 남녀칠세 지남철이라오.

2. 남아일언이 중천금

요새는 남아일언이 풍선껌이라던데.

3. 암탉이 울면 집안이 망한다

암탉은 알이나 낳고 울지 수탉이 울면 날만 새더라.

4. 가는 말이 고와야 오는 말이 곱다

천만의 말씀. 지금은 목소리 큰놈이 이긴다고, 가는
말이 거칠어야 오는 말이 부드럽다오.

5. 도적보고 개 짖는다

모두가 도적놈, 주인까지도 도적인데 밤낮 짖기만 하나?

6. 돌다리도 두드려 보고 건너라

성수대교 두드리지 않아서 무너졌나?

7. 윗물이 맑아야 아랫물이 맑다

윗물은 흐려도 여과되어 내려오니 맑기만 하더라.

8. 서당 개 삼년에 풍월 읊는다

당연하지요. 식당개도 삼년이면 라면을 끓인답디다.

9. 개천에서 용 난다

개천이 오염되어 용커녕 미꾸라지도 안 난다오.

10. 금강산도 식후경

금강산 구경은 배고픈 놈만 가나?

11. 처녀가 애를 나아도 할 말이 있다

처녀가 애 낳았다고 벙어리 되나?

12. 굶어 보아야 세상을 안다

굶어보니 세상커녕 하늘만 노랗더라.

13. 하늘이 무너져도 솟아날 구멍이 있다

하늘까지도 부실공사를 했나? 무너지게.

14. 떡본 김에 제사 지낸다

옛날 사람은 떡만 가지고 제사 지냈나?

15. 눈먼 놈이 앞 장 선다

보이지 않으니, 앞인지 뒤인지 알 수가 있나?

16. 젊어서 고생은 금을 주고도 못 산다

천만에요. 젊어서 고생은 늙어서 신경통 온답디다.

사랑이란
묘한 약

1. 용법 및 용량

- 상처받지 않을 만큼만 사랑할 것
- 부담주지 않을 만큼만 사랑할 것
- 헤어져도 미워지지 않을 만큼만 사랑할 것
- 외로울 때와 그렇지 않을 때
- 깨어있을 때와 그렇지 않을 때
- 바쁠 때와 그렇지 않을 때
- 함께 있을 때와 그렇지 않을 때
- 살아있을 때와 그렇지 않을 때만 사랑할 것!

2. 효능

- 세상 무조건 아름다워 보이고

- 사람들이 행복해 보인다.

- 입에서 콧노래가 떠나지 않고

- 끊임없이 기대감이 생긴다.

- 열등감이 사라지고 마음이 자유롭다.

- 살아있음에 대하여 감사하게 된다.

3. 보관방법

- 마음 속 깊은 곳에 간직할 것.

- 변질되지 않도록 상호간에

- 끊임없는 노력과 관심을 요함.

4. 유효기간

사람에 따라 천차만별.

5. 사용시 주의사항

다음 사항들을 늘 염두에 두고 지켜 나가십시오.

- 상대를 배려할 것.

- 끝까지 믿을 것.

- 우선 참을 것.

- 슬픔도 기쁨도 함께 나눌 것.

- 화내지 말 것.

- 성급해 하지 말 것.

- 있는 그대로의 나를 보이고

- 있는 그대로의 상대를 받아들일 것.

6. 부작용

이루어지지 않을 경우

절망에 빠질 위험에 있으니 주의해야 함.

7. 경고

집착과 사랑.

이 두 가지는 유사하니 반드시 꼼꼼히 살펴보십시오.

8. 권장 소비자 가격

- 돈으로 헤아릴 수 없음.

- 희생으로만 구입 가능.

사랑에
필요한 것들

사랑하는 사람

그리고 사랑하는 마음

그 사람만 보면 웃을 수 있는 행복

자기 자신보다 상대방을 더 생각해주는 배려심

보고 있어도 보고 싶어하는 그리움

함께 한다고 해도 가끔 생겨나는 외로움

가끔 사랑을 굳건히 해주는 아름다운 질투심

서로를 위해 흘려주는 눈물

상대방에게 자신을 슬픔을 감춰 주는 선의의 거짓말

서로에게 사랑을 확인시켜주는 진실

그리고 믿음

가장
큰 고추

세 남자가 자신이 보았던 가장 큰 고추에 대해 뻥을 늘어놓고 있었다.

첫 번째 남자,

"내가 아는 김이란 사람은 고추가 얼마나 큰지 밖에서 소변을 볼 때면 새들이 나무인지 알고 고추 위에 앉았는데 자그마치 열 마리나 앉더라고."

그 말을 들은 두 번째 남자가 가소롭다는 듯이 웃었다.

"그만한 것 갖고 뭘 놀래? 내가 아는 최라는 사람은 빨랫줄 대신으로 그것을 사용하더군."

그러자 마지막 남자가 낄낄 대며 웃었다.

"그것은 아무 것도 아니야. 내가 아는 박이라는 사람은 말이야. 자기 마누라가 미국에 갔는데 거기서 임신을 했지 뭐야!"

"????"

봉이 김선달의
유래

　김선달이 평양의 거리를 활보하고 있을 때 어느 닭
장수가 시장에서 "봉 사세요, 봉이요." 라고 외치면서
닭을 팔고 있었다. 이때 김선달이 보니 분명히 닭인데
봉이라고 속이면서 닭을 팔고 있는데 닭값도 터무니없
이 몇 배나 받고 있어 이를 본 김선달이 은근히 심술기
가 발동하여 그에게 다가갔다.

　그 닭을 사서 바로 관가로 가서는 수위에게 "평소 사
또를 흠모하여 오던 중 사또에게 드리려고 봉을 하나
사 왔으니 사또를 뵙게 해 주시오." 라고 말하였다.

　이에 수위는 별 미친놈이 다 있다며 내쫓고, 김선달

은 포기하지 않고 계속 청하다 보니 관청 주위가 소란
스러워 졌다. 이때 사또 역시 밖에서 큰 소리가 난 연
유가 궁금할 수밖에 없었다.

김선달에게서 봉을 주려고 자기에게 왔다는 말을 들
은 사또는 닭장수가 봉이 아닌 닭을 봉이라고 속여 팔
았다는 사실에 참을 수가 없어 닭장수를 관가로 끌고
와서 곤장을 쳤다. 이렇게 해서 김선달은 별 어려움 없
이 사기치는 닭 장수를 골탕 먹일 수 있었다.

그 후 사람들은 김선달을 가리켜 봉이 김선달이라고
불렀다.

봉이 김선달의
또 다른 유래

또 다른 설화에는 다음과 같이 전해져 온다.

김선달이 하루는 장 구경을 하러 갔다가 닭을 파는 가게 옆을 지나가게 되었다. 마침 닭장 안에는 유달리 크고 모양이 좋은 닭 한 마리가 있어서 주인을 불러 그 닭이 '봉(鳳)'이 아니냐고 물었다.

김선달이 짐짓 모자라는 체하고 계속 묻자 처음에는 아니라고 부정하던 닭 장수가 봉이라고 대답하였다. 비싼 값을 주고 그 닭을 산 김선달은 원님에게로 달려가 그것을 봉이라고 바치자, 화가 난 원님이 김선달의 볼기를 쳤다.

김선달이 원님에게 자기는 닭 장수에게 속았을 뿐이
라고 하자, 닭 장수를 대령시키라는 호령이 떨어졌다.
그 결과 김선달은 닭 장수에게 닭값과 볼기 맞은 값으
로 많은 배상을 받았다. 닭 장수에게 닭을 '봉'이라 속
여 이득을 보았다 하여 그 뒤 봉이 김선달이라 불리게
되었다.

(고금소총에 나오는 이야기 – 편자 주)

거짓말
콘테스트

15위 : 간호사 – 이 주사 하나도 안 아파요.

14위 : 여자들 – 어머 너 왜 이렇게 예뻐졌니?

13위 : 학원광고 – 전원 취업 보장! 전국 최고의 합격
률!

12위 : 비행사고 – 승객 여러분, 아주 사소한 문제가
발생했습니다.

11위 : 연예인 – 그냥 친구 이상으로 생각해 본 적
없어요.

10위 : 교장 – (조회 때) 마지막으로 한마디만 간단
히…….

9위 : 친구 – 이건 너한테만 말하는 건데…….

8위 : 장사꾼 – 이거 정말 밑지고 파는 거예요.

7위 : 아파트 신규 분양 – 지하철역에서 걸어서 5분 거리.

6위 : 수석 합격자 – 그저 학교 수업만 충실히 했을 뿐이에요.

5위 : 음주운전자 – 딱 한 잔밖에 안 마셨어요.

4위 : 중국집 – 출발했어요. 금방 도착해요.

3위 : 옷가게 – 어머 너무 잘 어울려. 맞춤옷 같아요.

2위 : 자리 양보 받은 노인 – 에구 괜찮은데…….

1위 : 정치인 – 단 한 푼도 받지 않았어요…….

여자는
여우야!

처녀가 운전하던 차와 총각이 운전하던 차가 정면충
돌을 해버렸습니다. 차는 완전히 망가져버렸지만 신기
하게도 두 사람은 모두 한군데도 다치지 않고 멀쩡했
어요.

차에서 나온 처녀가 얘기했지요.

"차는 이렇게 되어버렸는데 사람은 멀쩡하다니, 이
건 우리 두 사람이 맺어지라는 신의 계시가 분명해요."

총각은 듣고 보니 그렇다고 고개를 끄덕였죠.

처녀는 차로 돌아가더니 뒷좌석에서 양주를 한 병
들고 와서 다시 말했어요.

"이것 좀 보세요. 이 양주병도 깨지지 않았어요. 이건 우리 인연을 축복해주는 게 분명해요. 우리 이걸 똑같이 반씩 나눠 마시며 우리 인연을 기념해요."

그래서 총각이 병을 받아들고 반을 마신 뒤 처녀에게 건네자 처녀는 뚜껑을 닫더니 총각의 옆에 다시 놓아두는 거예요.

총각이
"당신은 안 마셔요?"라고 묻자

처녀 대답이……
"이제 경찰이 오길 기다려야죠." 헉~!!

살짝
웃어보자

1. 절벽에서 떨어지다가, 나무에 걸려 살아난 사람은?

   덜 떨어진 사람

2. 하늘에 달이 없으면 어떻게 될까요?

   날 샜다

3. 인삼은 6년근일 때 캐는 것이 좋은데. 산삼은 언제 캐는 것

   이 제일 좋은가요?

   보는 즉시

4. 눈이 오면 강아지가 팔딱팔딱 뛰어 다니는 이유는?

   가만있으면 발이 시리니까

5. 머리 둘레에 머리카락이 없는 사람은?

주변머리가 없는 사람.

6. 죽었다 깨어나도 못하는 것은?

죽었다 깨어나는 것

7. 조물주가 인간을 진흙으로 빚었다는 증거는?

열 받으면 굳어진다.

8. 눈 코 뜰 새 없을 때는?

머리 감을 때

9. 양심 있는 사람이나 없는 사람이나 모두 시꺼먼 것은?

그림자

10. 여자는 무드에 약하죠. 남자는 무엇에 약할까요?

누드

동자승들의
뻥

세 명의 아기 중들이 모여서 서로 자기 절이 크다고 자랑을 하고 있었다.

첫 번째 동자승.

"우리 절은 말이야, 얼마나 큰지 절에서 치는 종이 집채만 해서 한 번 치면 온 산이 흔들릴 지경이야. 나는 처음에 산이 무너지는 줄 알았어."

그러자 두 번째 동자승.

"하하하, 그건 약과야. 우리 절은 얼마나 큰지 스님들 국을 끓이는데 배를 타고 솥에 들어가서 노로 국물을 저어야 한다고."

그러자 잠자코 듣고 있던 세 번째 동자승.

"그것 가지고 뭘 그래. 우리 절은 얼마나 큰지 해우소에서 아침에 끙 힘을 주고 볼일을 다 끝내고 나와서 저녁에 화장실에 다시 가면 그때야 대변이 떨어지는 소리가 풍덩 하고 들려!!!"

그 말을 듣고 다른 동자승들이 기가 막혀 말도 하지 못했다.

남존여비의
해석

1. 남존여비란?

1. 남자의 존재의 이유는 여자에게 비위를 잘 맞추
   는데 있음.
2. 남자의 존재의 이유는 여자에게 비명(?)을 지를 때
   까지 즐거움을 제공해야 함.
3. 남자의 존재의 이유는 여자에게 비밀(?)을 지켜주
   어야 함.
4. 남자의 존재의 이유는 여자에게 비용 부담을 하
   는데 있음.

2. 여필종부란?

여자의 일생에서

필요한 부분은

종합부동산세(부자)를 납부하는

부군을 만나야 된다는 것입니다.

2장 성인유머

불황 때문에 기업과 가정에서 고민하는 사람이 많아지고 있다. 지금보다 유머능력을 키운다면 자신의 삶을 변화시킬 수 있는 커다란 에너지를 얻을 수 있다. 그 즐거움은 그대로 사업가는 생산성 향상을, 직장인에게는 신나고 재미있는 직장을, 스트레스를 가진 사람은 삶의 활력을, 높이는데 큰 도움이 될 것이다.

혈액형에 따른
섹스 스타일

혈액형 따라 섹스 스타일이 다르다.

혈액형에 따라 성격이 다르듯이 섹스 스타일도 다르다. 파트너의 혈액형을 알고 그의 취향에 맞는 섹스를 준비한다면 더욱 멋진 섹스 타임을 즐길 수 있다.

1. A형 : 구태의연한 섹스는 싫다!

사람을 돌보는 것을 좋아하는 타입. 뭐든지 해내는 커리어우먼보다는 어리광을 피우는 여자를 더 좋아한다. 또 A형 남자는 청결한 무드를 좋아하는 것이 일반적. 지나친 교태보다는 소프트한 무드를 유지하는 것이 포인트다.

• 섹스 취향은?

일반적인 것은 싫다! 언제나 자신을 억누르고 이성적으로 행동하기 때문에 스트레스 분출구로서의 섹스는 좀 과격하게 갈 경우도 있다.

2. B형 : 기분에 따라 체위도 변화무쌍!

상대를 좋아하게 되면 될수록 놀리거나 괴롭히는 애정표현을 하는 약간 삐뚤어진 연애타입. 상대가 키스해주는 쪽을 좋아하므로 그를 함락시키고 싶을 때는 달콤한 키스와 페팅으로 공략해보자. 다만 B형 남자는 마이페이스 우선인 성격이므로 그의 페이스에 맞춰 행동하는 것을 잊지 말 것!

• 섹스 취향은?

흥미본위 섹스면 모두 가능하다. 그날 자신의 기분에 따라 체위도 가지가지. 당신이 따라가기 힘들지도 모르므로 주의하도록.

3. O형 : 섹스의 목적은 욕구불만 해소!

기본적으로 O형 남자는 리드 당하는 것보다 자신이 리드하는 것을 더 좋아한다. 그러므로 어리광을 피우고 성적인 면에서도 전부 그의 바램대로 맞춰주는 것이 포인트. O형 여자 중에는 성에 관한 얘기를 하는 것을 좋아하는 사람이 많은데, 애인의 말에 휩쓸려 너무 자신을 드러내지 않도록 주의하자. 그와 관계를 가지고 싶을 때는 딥 키스를 요구하면 효과적이다.

• 섹스 취향은?

욕구해소가 목적. 체위는 별로 상관하지 않는다.

4. AB형 : 사랑은 상대에게 봉사하는 것!

가깝고 귀여운 상대에게는 괜히 심술을 부리거나 비아냥거리는 식의 관심을 보이는 삐뚤어진 연애타입.

세간의 시선을 중시하는 타입이므로 두 사람의 관계를 더 깊게 만들고 싶다면 행동에 신중을 기울이도록. 그를 원한다면 지적인 면으로 다가서 보자.

• 섹스 취향은?

변태적이거나 동물적인 행위는 금물. 사랑은 봉사하는 것. 동화 속에서나 나올 듯한 멋진 러브호텔에서 사랑을 속삭여보자. 다만 너무 달라붙는 것은 오히려 좋지 않으므로 지나친 어리광은 금물. 그의 기분을 중시할 것.

효과가
기막힌 보약

한참 물오른 어느 부인이 그 맛에 빠져버렸는데 부실한 남편은 지레 겁먹고 부인을 피해만 다니자, 정력이 약한 남편을 어떻게 하면 회복시킬 수 있을까 고민하던 부인은 녹용이 시들은 정력을 원기회복 시켜주는데 탁월한 효과가 있다는 광고를 보게 되었다.

즉시 한걸음에 사슴농장으로 달려가서 제일 좋은 사슴뿔 하나를 사와, 생강, 대추, 들깨, 밤 등 갖가지를 넣어 정성스럽게 달인 뒤 남편이 돌아오기만 기다렸다.

이윽고 퇴근한 남편에게 정성스레 달인 녹용을 포식시키며 흐뭇한 밤을 기대했다.

그날 한밤중에 잠을 자다 깬 남편은 아내를 흔들었다. 어쩌면 이렇게도 효과가 좋을까 하고 속으로 중얼거리며 아내는 서둘러 옷을 벗었다.

그때 남편이 급하게 말했다.
"여보, 불 좀 켜줘~!!!"

그러자 아내는,
"왜요??? 전 어두운 게 좋아요~~."라고 했다.
"휴지는 어디 있어???"하고 또 남편이 말하자,

아내는 짜증을 내며 톡 쏘았다.
"휴지는 나중에 찾아도 되잖아요!"

그러자 남편은 더욱 다급하게 말했다.
"그런 게 아냐, 갑자기 화장실에 가고 싶어졌어~!!! 설사할 것 같아~~~"

Sex를 평생 해야 할
이유 9가지

1. 여러 가지 통증을 없애 준다.

성관계를 하면서 특히 오르가즘에 오르게 되면 우리 뇌 속에 엔도르핀(Endorphin)이라는 호르몬이 분비되는 데 이 호르몬은 마치 해독이 없는 모르핀(Morphine-통증 제거 약품 일종)과 같은 역할을 하기 때문에 두통, 요통, 근육통, 생리통, 치통에 이르기까지 여러 가지 통증들을 감소시키거나 없애준다. 따라서 아스피린이나 파나돌 (Panadol : 진통제 일종)을 복용하는 대신 멋진 성관계를 하는 것이 통증을 위한 자연치료법이 될 수 있다.

2. 근육의 긴장을 이완시켜 준다.

성관계를 하는 동안에는 몸 전체 구석구석의 근육을

긴장시켜 운동의 효과를 주게 되며 성관계가 끝나면 그 긴장을 완전히 풀어서 휴식상태로 돌아가게 해준다. 마치 물리치료요법(Physiotherapy)으로 신체의 근육을 이완시켜 주는 원리와 마찬가지이다.

3. 신진대사를 촉진해 준다.

성행위는 온몸을 강열하게 움직여야 하는 운동이기 때문에 머리에서 발끝까지 구석구석의 혈관을 팽창하게 만들고 혈액순환의 양의 증가는 물론 속도도 빠르게 만들어 준다. 따라서 신진대사가 촉진되며 몸속의 노폐물 제거와 건강상태를 유지하는 데 큰 도움을 준다.

4. 피부가 고와지고 윤기가 흐르게 된다.

적어도 일주일에 한번 정기적인 성관계를 유지하게 되면 특히 여성의 경우, 에스트로겐(Estrogen)이라는 여성호르몬의 분비를 증가시켜 피부를 젊고 건강하게 그리고 발랄하게 유지하는데 큰 도움이 된다. 또 에스트로겐은 뼈를 튼튼하게 만들어주는 기능이 있어 골절의 위험을 줄여 준다.

5. 월경주기를 확실하게 만들어 준다.

성관계를 정기적으로 하게 되면 월경주기가 확실하게 고정되고 따라서 배란기도 정확하게 예측할 수 있어 임신조절을 통제하는데 도움을 준다.

6. 여성의 경우, 질 내의 건강을 유지해 준다.

특히 폐경 후, 성관계를 정기적으로 하지 않으면 여성의 질 내부 피부조직과 근육이 약화되어 세균감염은 물론 질 내부의 모양이 쭈그러드는 현상이 나타난다. 따라서 정기적인 성관계는 질 내 건강과 탄력성 유지에 큰 도움이 된다.

7. 남성의 경우, 전립선을 보호해 준다.

성관계시 사정을 하게 되면 전립선(Prostate Gland)의 기능과 역할을 건강하게 유지시켜 준다. 대부분 남성의 경우 나이가 들면 불편하게 소변을 보게 되는데 성생활을 계속 유지해온 남성은 이러한 증상의 고통을 피할 수 있다.

8. 남성의 경우, 성기의 기능을 계속해서 보존할 수 있다.

특히 50대 이후, 성관계의 빈도수를 줄이게 되면 성기의 발기능력이 점차 퇴화되어 완전 발기불능의 상태까지 발전할 수도 있다. 남성의 Power를 잃지 않으려면 계속해서 정기적인 성관계를 유지하는 것이 좋다.

9. 자긍심을 높여주고 정신건강을 유지해 준다.

파트너와 아름다운 성관계는 따뜻한 사랑을 받고 그리고 주고 있다는 진한 감정을 갖게 해준다. 따라서 긴장이나 고독감, 불안감이나 우울증을 말끔히 해소시켜주고 자신감과 행복감을 느끼게 해 준다. 이는 결과적으로 자신을 긍정적으로 받아들이고 자긍심을 높여주기 때문에 개인적 또는 사회적으로 바람직한 정신건강을 유지하는데 기본이 된다고 할 수 있다.

백수건달들의
기방잡담

옛날부터 풍류객들의 입으로부터 전해오는 기방잡담
(妓房雜談)에 의하면 뭇 남성들이 탐내는 여자의 유형은,
일도(一盜). 이승(二僧). 삼낭(三娘). 사과(四寡).오기(五妓). 육
창(六娼). 칠처(七妻).라고 했단다.

다시 말해서

1. 일도(一盜) : 첫째가 유부녀 훔쳐 통정(通情)하며 스
   릴 느끼는 재미고.

2. 이승(二僧) : 둘째가 여승(女僧)을 만나 법당 뒤에서
   짜릿한 맛보는 재미고.

3. 삼낭(三娘) : 셋째가 처녀를 꾀여내서 영계 맛보는
   재미고.

4. 사과(四寡) : 넷째가 과부와 운우지정을 나누는 재
미고.

5. 오기(五妓) : 다섯째가 기생 끌어안고 황홀경에 빠
지는 재미고.

6. 육창(六娼) : 여섯째가 창녀의 요분질에 빠져보는
재미고.

7. 칠처(七妻) : 일곱째가 자기 아내와 노는 재미라고
한다.

놈
시리즈

1. 멋진 놈 : 먹어 놓고도 평생 입 다물고 있는 놈!!

2. 예쁜 놈 : 끝내주게 해주고 또 용돈까지 주는 놈!!

3. 못난 놈 : 준다고 해도 못 먹는 놈!!

4. 더 못난 놈 : 줘도 서지 않아 못 먹는 놈!!

5. 미운 놈 : 혼자만 기분 내고 발랑 뒤로 자빠지는 놈!!

6. 더 미운 놈 : 먹다가 중간에 멈추는 놈!!

7. 미친 놈 : 한번 달라고 자꾸 쫓아다니는 놈!!

8. 더 미친 놈 : 한번 먹었으면 그만이지 자꾸 또 달라고 하는 놈!!

9. 패대기칠 놈 : 먹고 나서 동네방네 소문내고 다니는 놈!!

10. 죽일 놈 : 먹을 땐 아무 말 없더니 먹고 나서 맛
　　　　　없다고 하는 놈!!

11. 나쁜 놈 : 먹고 나서 서방행세 하면서 매일 돈 뜯
　　　　　어 가는 놈!!

12. 더 나쁜 놈 : 돈 안주면 까발리겠다고 하는 놈!!

13. 웃기는 놈 : 구슬 박았다고 자랑하는 놈!!

14. 이상한 놈 : 쪼그리고 앉아 들여다보는 놈!!

15. 개 같은 놈 : 뒤로만 하겠다고 우기는 놈!!

여자의
나이와 과일

- 10대 = 호도

  왜? 까기도 힘들고 먹을 것도 없으니까.

- 20대 = 밤

  왜? 날밤으로 먹어도 맛있고, 구워 먹어도 맛있고
  뭐로 해먹어도 맛있으니까.

- 30대 = 수박

  왜? 칼만 가져가면 쫙 하고 갈라진다.

- 40대 = 석류

  왜? 가만히 있어도 알아서 벌어진다.

• 50대 = 홍시

왜? 빨리 따먹지 않으면 썩어서 떨어진다.

• 60대 = 토마토

왜? 과일도 아니면서 과일인척 하잖아.

• 70대 = 곶감

왜? 물도 없는 것이 분만 뽀얗게 바르고 있잖아.

세월 앞에
못 당한다

1. 똑똑한 년은 예쁜 년을 못 당하고

2. 예쁜 년은 시집 잘 간 년을 못 당하고

3. 시집 잘 간 년도 자식 잘 둔 년을 못 당하고

4. 자식 잘 둔 년도 건강한 년한테는 못 당하고

5. 아무리 건강한 년도 세월 앞에는 못 당한다.

비아그라
사촌들

1. 봐 주그라

이걸 먹이면 머리 스타일을 바꾸거나 새 옷을 입어
도 무관심하고 관심을 끌어보려고 알몸으로 돌아다
녀도 쳐다보지도 않던 남편의 눈에 번쩍~ 불이 들어
오게 할 수 있다.

2. 사 주그라

남편에게 이걸 먹이면 생일이나 결혼기념일 뿐 아니
라 수시로 선물을 받을 수 있다.

3. 참~ 그라

비아그라와 정반대의 약효를 지닌 것으로 여성용이

며 좀 우아하게 쉬고 싶을 때 먹이면 된다.

4. 니 보그라

제멋대로 TV 채널을 돌리던 무대뽀 남편에게 이 약
을 먹이면 TV 채널을 부인 맘대로 할 수 있게 된다.

5. 나가그라

쉬는 날 집에만 있는 남편에게 이 약을 먹이면 부인
에게 산으로 들로, 놀러가자 보채게 된다.

6. 입 떼그라

집에 오면 밥 묵자, 자자~ 말고는 입을 봉하고 있는
남편에게 먹이면 아주 말이 많아진다.

7. 착하그라

악처에게 이 약을 먹이면 착하게 변하고 시댁식구를
뭐로 알던 버릇도 샥~ 고쳐진다.

8. 좀 닦그라

잘 치우지 않는 게으른 부인에게 먹이면 걸레를 항상 손에 들고 다닌다.

9. 꿈 깨그라

왕비병 &공주병 아내를 위해 먹이는 약.

10. 게 있그라

밖으로 돌아다니길 좋아해서 집에 붙어있지 않는 부인에게 먹이면 얌전히 집에만 있게 된다.

키스의
4단계

1단계 : 좌충우돌(左衝右突)

2단계 : 이구동성(異口同聲)

3단계 : 설왕설래(舌往舌來)

4단계 : 기진맥진(氣盡脈盡)

빨리 와서
밥 먹어라

최진사댁의 셋째 딸은 부모님의 각별한 보호 덕분에 대문 밖으로도 거의 나가지 않은 순진한 낭자.

어느 날 박진사가 최진사댁에 놀러왔다.

최진사 : 애야! 주안상 좀 받아 오너라. 주안상 올 때 까지 장기나 한판 두세.

장이야 멍이야 장군 멍군 공방전 계속……
박진사 : 장군!

이를 어찌하리…….

최진사 외통수에 몰렸어라.

최진사 : 음 친구야 한수만 물러주라…….
박진사 : 안 돼. 장기에 물러 주는 게 어디 있어.
물러줘. 안 돼…….
한수만. 안 돼…….

성질난 최진사 : 안 물러 주려면 너그 집에 그냥 가!
박진사 : 에이씨 "좃"도 한수 물러 줬다.

이때 주안상을 들고 들어오던 셋째 딸
다른 말은 다 알아듣겠는데 "좃두"는 무슨 말인지
몰라 궁금했다.

박진사 돌아간 후 사뿐히 걸어 들어와서
"아버님 여쭐 말씀이 있사옵니다."
"그래 뭐냐"
"아까 박진사님 오셨을 때 다른 말은 다 알겠는데~

이 뭐에요?"

최진사 : 이놈. 시집갈 때 다된 년이 그런 소릴 입에 담고, 썩 나가거라!

더욱 궁금한 셋째 딸은 어머니에게 같은 질문을 했다.
어머니는 더욱 노발대발.
궁금해서 미칠 지경.
얼굴이 노래지고 밥도 안 먹고 알아 누울 지경에 이르렀다.

부모님은 딸이 걱정되어 외가에 휴양차 보내기로 결정.
돌쇠와 밤쇠가 가마를 메고 외가로 출발.
산 중턱에 다다랐을 때.

"애들아 목이 마르니 여기서 좀 쉬다가자, 밤쇠는 저기 아래 마을에 가서 물 좀 길어 오너라."
"돌쇠 너는 이리 오너라."

"네 아씨."

"내가 묻는 말에 이실직고를 하지 않으면 너는 죽음
을 면치 못하리라!"
"네 아씨. 물어보이소. 아는 대로 알려 올리리다."
"네 이놈. "줏두"가 뭔지 상세히 말하렷다!"

돌쇠는 한참 생각하다가 어찌 대답을 할지 몰라
"아가씨 꺼와 조금 다르오이다."
"어찌 다른지 좀 보자꾸나."

죽음을 면치 못한다니 보여 줄 수밖에…….
돌쇠 허리춤을 내리고 보여주었다.

아가씨가 처음 보는 물건 이어서
요리보고 조리보고……
요리 만져보고…… 조리 만져보고 했더니…….

이것이 글씨 살살 부풀어 오르는 기라.

"네 이놈 이것이 왜 이러느냐?"

"네, 배가 고파서 그렇습니다."

"그럼 어떻게 하면 되냐?"

"아가씨가 잠시 필요 합니다."

돌쇠와 아가씨 숲속에서 일을 치렀다.

끝난 후 무릉도원이 여기 있구나.

하늘이 노랗고…….어구머니, 좋아~ 좋아.

최진사댁 셋째 딸 가만히 생각해보니

부모님이 너무 원망스러웠다.

당신들만 이 좋은 것 하려고…….

그만 병이 다 나아 휴양이고 뭐고 집으로…….

그 후 셋째 딸은 버릇이 생겼지.

한여름 부모님 마실 나가시고 없으면 대청마루에 서
서 치마를 걷어 올린 후 큰소리로

"네 이놈 돌쇠야 빨리 와서 밥 먹어라!"

초보운전 아줌마들 써놓은 글

7위 ~ 왕초보 운전

6위 ~ 답답하지유~ 지도 답답해 죽겠슈 ~

5위 ~ 집으로 밥하러 가는 길입니다

4위 ~ 밥이 타고 있어 속도 탑니다~ 비켜주삼

3위 ~ 건들지 마 ~ 이러는 나는 더 답답해

2위 ~ 운전은 초보, 마음은 터보, 몸은 람보 !!

영광의 1위!!

"박지 마"

난 뒤에서 하는 거 싫어 ! ? ! ?

진짜 숫처녀
묘비명

평생 독신으로 살았던 한 여인이, 거덜 장의사에게 자신이 죽으면 묘비에 다음과 같이 새겨달라고 부탁했다.

처녀로 태어나
처녀로 살다가
처녀로 죽었다.

얼마 후 그 여인이 죽자 묘비에 새길 글이 너무 길어서 고민 고민하던 거덜 장의사는 이렇게 새겨 넣었다.

이 가시나~ 미개봉~ 반납~

정말로
멋진 여자

예쁜 여자를 만나면 삼년이 행복하고,
착한 여자를 만나면 삼십년이 행복하고,
지혜로운 여자를 만나면 '삼대'가 행복하다.

어떤 세 남자가 천국에 들어가게 되었는데,
옥황상제가 세 사람에게 말하기를
무슨 소원이든 들어 줄 테니 말해 보라고 했다.

첫 번째 남자는 돈에 한 맺힌 사람이라
부자가 되게 해달라고 부탁했다.
그가 원하는 대로 큰 부자가 되었다.

두 번째 남자는 권력에 한 맺힌 사람이라
권세를 갖게 해달라고 부탁했다.
그렇게 해주었다.

세 번째 남자는 여자를 접해보지도
못하고 산걸 한스러워 했다.

여자도 여자 나름인데,
어떤 여자를 원하느냐 했더니,

남편의 마음을 편하게 하는 착한 여자.
날이 새기 전에 일어나 가족의 음식을 따뜻하게 준비
하며 꾸준히 성실하게 가정을 가꾸는 부지런한 여자.
입을 열기만 하면 향기로운 말이 터져 나오는 지혜
로운 여자.
남편이 성공하도록 내조를 잘하는 능력 있는 여자.

이런 여자를 구해 달라고 했다.

옥황상제,

머리가 엄청 복잡해졌다.

#$&*%@ ㅜㅜ

이 미친놈아 ~

그런 여자 있으면 널 주겠니?

내가 차지하지!!!

일~
잘하는 사람

밤일과 낮일을 다 잘하는 남편인지, 아니면 둘 다 못하는 남편인지 부부싸움을 할 때 옆에서 지켜보면 쉽게 알 수가 있다.

1. 밤일과 낮일을 다 잘하는 남자와 싸우는 부인은 이렇게 말한다.
   "그래. 그래. 니 잘 났다."

2. 낮일은 잘 하는데 밤일을 못하는 남자와 싸우는 부인은 이렇게 말한다.
   "돈이면 다냐?"

3. 밤일은 잘 하는데 낮일은 못하는 남자와 싸우는 부인은 이렇게 말한다.

"니가 사람이냐? 짐승이지.!!"

4. 밤일이고 낮일이고 다 못하는 남자와 싸우는 부인은 이렇게 말한다.

"니가 나한테 해준게 뭐가 있다고 ㅈ 라ㄹ이냐 ~~????"

그저 부끄럽지
않느냐

삼복더위인지라 일하러 나가기 싫어하는 한 머슴이 있었는데, 주인의 눈을 피해 낮잠을 자려고 헛간으로 들어갔다.

그런데 벌써 주인마님이 들어와 해괴한 꼴로 짚더미에서 자고 있었다.

그 모양을 본 머슴도 사내인지라 욕망이 동하지 않을 리 없었다.

마침 아무도 없고 어두컴컴하겠다. 실로 안성맞춤의 기회가 아닐 수 없었다.

그러나 한편으로 '이거 주인마님이 소리라도 질러

일이 틀어지는 날이면 신세 조지는데.'

이런 생각이 들어 머뭇거리다가
"에라 모르겠다." 하고 주인마님을 살포시 끌어안아
버렸다.

주인마님은 그의 품안에서 눈을 번쩍 뜨더니 말했다.
"에구머니나! 망측스럽게 이게 무슨 짓이야. 그래 부
끄럽지도 않느냐."

"미안해유, 마님. 그럼 비켜나겠으니 용서해유."

머슴이 겁을 먹고 멋쩍어하며 일어나려고 하자 주인
마누라가 말했다.
"사람도 참, 내가 언제 자네더러 비켜나라던가. 그저
부끄럽지 않느냐고 물어보았을 뿐이지……."

옷 벗는 건
괜찮혀유

어떤 젊고 예쁜 아가씨가 산길을 넘어 계곡을 지나고 있었다.

작은 저수지가 있었고 아가씨는 문득 수영이 하고 싶어졌다

주위에 둘려보고 아무도 없음을 확인한 그녀는 옷을 하나하나 벗기 시작했다

마지막 옷까지 다 벗고 저수지에 막 들어가려는 순간…….

수풀 속에서 숨어서 이를 지켜보던 농부가 불쑥 튀

어나왔다.

"아가씨, 여긴 수영이 금지돼 있슈!"

그녀는 화들짝 놀라 옷으로 몸을 가리며 말했다.

"아저씨, 그럼 옷 벗기 전에 미리 말해주셔야지요!"

그러자 농부가 말했다.

"옷 벗는 건 괜찮혀유~." ~ ㅎㅎㅎ

여자의
한숨소리

 남자 6명과 여자 1명이 배를 타고 바다를 건너다가 배가 난파되어서 무인도에 살게 되었는데…….

 어느 날 여자는 산꼭대기 올라가서 먼 바다를 쳐다보며 배가 지나가나 유심히 보고 있었는데…….

 어떤 남자가 뗏목을 타고 이쪽으로 오고 있는 게 아닌가,
 이~~때 !!
 여자는 한숨을 푸~욱 내쉬며 하는 말…….

 "제~~기랄~~!! 이젠 일요일도 없겠군……."

여자
만족시키는 방법

되게 까다롭다

칭찬하다.

만져주다.

멋지다고 하다.

문제를 해결해 주다.

공감하다.

산책하다.

지원하다.

먹여주다.

위안하다.

비위를 맞추다.

자극하다.

위로하다.

포옹하다.

농담하다.

껴안다.

안정시키다.

흥분시키다.

보호하다.

전화하다.

기대하다.

키스하다.

뺨을 비비다.

용서하다.

액세서리를 사주다.

즐겁게 하다.

부탁을 들어주다.

배려하다.

신임하다.

옷을 사주다.

인정하다.

귀여워 해주다.

꿈꾸게 해주다.

고마움을 느끼게 하다.

꼬집어 주다.

힘껏 껴안다.

우상화 하다.

경배하다.

남자를
만족시키는 방법

의외로 간단하다.

.

.

.

.

.

한 번 준다.

여자와 무의
4가지 공통점

첫째, 속을 모른다.

둘째, 바람이 들면 버려야 한다.

셋째, 아랫부분이 맛있다.

넷째, 고추와 잘 버무려야 제 맛이 난다.

특정한 직업에서
사용하는 말

1. 간호사 : 옷 벗으세요.

2. 엘리베이터 걸 : 빨리 올라타세요.

3. 골프장 캐디 : (골프채를)잘 꽂아 넣으세요.

4. 은행창구 여직원 : (저축금을)웬만하면 빼지 마세요.

5. 유치원 보모 : (손이 더러워진 아이에게)잘 닦아야지요.

6. 초등학교 여교사 : 참 잘했어요.

설문조사

모대학에 다니는 한 남학생이 Sex에 대한 대학생들의 의식조사를 하라는 숙제를 받고 거리로 나왔다.

마침 예쁘고 섹시한 한 여대생을 보고 설문조사를 하게 되었다.

남학생 왈

"Sex를 할 때 콘돔을 끼면 쾌감이 덜 한다고 생각하십니까??"

여학생 왈

"당연하죠. 장갑을 끼고 콧구멍을 후비면 잘 파져

요??"

"그럼 Sex를 할 때 남성과 여성 중 어느 쪽이 더 깊은 쾌감을 느낀다고 생각하십니까?"

"당연히 여성이죠. 콧구멍을 후비면. 손가락이 시원한가요? 콧구멍이 시원하죠."

나이로 변하는
여자의 결혼관

20세 : 이 세상 남자가 왜 여자와 다른가?

21세 : 이 세상 남자가 왜 필요한가?

22세 : 여자의 마음은 갈대다.

23세 : 밤이란 여자를 아프게 한다.

24세 : 친구가 결혼을 했는데 재미있을까?

25세 : 밤이 그리워지고 잠이 안 온다.

26세 : 늦기 전에 아무나 잡자!

27세 : 이젠 값이 안 나간다. 포기하자!

28세 : 심심해서 못살겠다.

29세 : 이 세상 사나이여! 이 몸을 데려가 주오.

30세 : 하느님도 무심하시지!

너는
누구일까

1. 나는 너의 띠를 풀었다.

2. 나는 너의 옷을 벗겼다.

3. 나는 너의 하얀 육체를 보았다.

4. 서서히 뜨거워지기 시작했다.

5. 나는 너의 하얀 육체를 계속 빨았다.

6. 드디어 열정의 한계까지 도달했다.

7. 쓸모없게 되자 나는 너를 버렸다.

너는 과연 누구일까요?

– 담배 –

아들의
잔머리

"아빠, 만원만 주세요."

"안 돼, 오늘은 돈 없어."

"아빠, 만원만 주면 오늘 아침에 우유배달부 아저씨가 엄마보고 뭐라고 했는지 이야기해 줄게요."

그러자 다급해진 아빠는 아들에게 만원을 건네며,

"뭐? 여기 있다. 얼른 말해봐!"

아들은 냉큼 돈을 챙겨 도망가면서 말했다.

"아주머니, 오늘은 우유 값 좀 주세요."

아내의
소원성취

어느 부부가

동전을 던지고 소원을 비는 우물가에 서 있었다.

먼저 부인이 몸을 굽혀 소원을 빌고 동전을 던졌다.

남편도 소원을 빌러 몸을 굽혔다.

하지만 몸을 너무 많이 굽히는 바람에 우물 속에 빠

져 죽고 말았다.

순간, 부인이 깜짝 놀라 말했다.

"와, 정말 이루어지는구나!"

실수로
맺은 정사

부인이 여행을 간 사이에 마을에서 가장무도회가 열렸다. 남편은 평소에 쓰던 늑대탈을 쓰고 무도회에 갔다.

남편이 무도회에 간 사이에 부인이 예정보다 일찍 집에 도착했다. 부인은 남편 몰래 이번 여행에서 새로 사 온 토끼탈을 쓰고 남편이 있는 무도회에 갔다.

무도회장에 들어서자 늑대탈을 쓴 남편이 보였다. 그런데 남편은 이 여자 저 여자에게 찝쩍거렸다.

부인은 속이 상했지만 참고 남편 앞에 가서 유혹했

다. 남편은 너무나 쉽게 유혹에 넘어가 둘은 2층에 올라가 아래만 벗고 멋진 정사를 가졌다.

부인은 곧바로 집에 돌아와서 남편을 기다렸다.
한참이 지나서 남편이 돌아왔다.

"당신 벌써 왔어?"

"조금 전에 왔어요. 오늘 가장무도회는 어땠어요?"

"당신이 없어 재미도 없을 것 같아 가다가 말았어."

"정말 무도회장에 안 갔어요?"

자기를 속이고 있는 남편에게 화를 내려는데
"가다가 말고 중간에 술집에서 포커를 했어. 그런데
친구가 내 늑대탈을 빌려 달라기에 빌려줬지. 그 친구가
돌아와서 하는 말이 토끼탈 쓴 여자가 죽여줬다더군."

부부란

• 10대 부부는 ~ 서로가 뭣 모르고 산다.

　환상 속에서 산다.

• 20대 부부는 ~ 서로가 신나게 산다.

　서로가 너무 좋아서 산다.

• 30대 부부는 ~ 서로가 한 눈 팔며 산다.

　권태기라 고독을 씹으며 산다.

• 40대 부부는 ~ 서로가 마지못해 산다.

　헤어질 수 없어서 체념하고 산다.

- 50대 부부는 ~ 서로가 가여워서 산다.

  흰머리 잔주름이 늘어나서 산다.

- 60대 부부는 ~ 서로가 필요해서 산다.

  등 긁어 줄 사람이 없어서 산다.

- 70대 부부는 ~ 서로가 고마워서 산다.

  서로가 살아준 세월이 고마워서 산다.

피장파장

부부가 생활비 문제로 다투던 중 화가 난 남편이 소리쳤다.

"당신이 요리를 배우고 직접 집안 청소를 한다면 하녀를 해고할 수 있잖아!"

남편 말이 끝나기가 무섭게 아내가 쏘아 붙였다.

"아, 그러셔? 당신도 침대에서 일만 잘 하신다면 나도 운전사와 정원사를 해고할 수 있어요."

기가 막혀서 쯔쯔쯔.

폭탄주 제조 및
시행에 관한 법

　즐겨 드시는 폭탄주(暴彈酒)의 유래는 고된 착취를 당하고 싼 비용으로 빨리 취하고자 하는 북부의 흑인 노동자들이 짐-빔 등 저급 위스키와 맥주를 섞어 먹은 것에서 유래되었다고 합니다. 또 검찰의 공식주(公式酒)이자 법원의 민속주(民俗酒)인 폭탄주와 관련하여 일반인들은 잘 모르는 '폭탄주의 제조 및 분배 그리고 피해자 보호에 관한 법률'이 입법예고 되어 공청회가 열리고 있다고 합니다...(믿거나 말거나)

1. 폭탄주 제조 및 시행에 관한 법률

　【제1조】폭탄주는 공장장으로 임명된 자만이 제조할

수 있다.

【제2조】 공장장은 독성여부 등을 점검하기 위해 최초
　　　　 생산한 폭탄주를 직접 마셔야 한다.

【제3조】 공장장은 최초 제조하여 마신 폭탄주와 다른
　　　　 비율로 이를 제조하여 타인에게 마시게 하여
　　　　 선 안 된다.

【제4조】 폭탄주는 마시기에 앞서 간단한 폭탄사를 하
　　　　 여야 한다.

【제5조】 폭탄주는 거절할 수 없으며, 불가피한 경우
　　　　 사전에 소명 자료를 제출함으로서 이를 면할
　　　　 수는 있다.

【제6조】 폭탄주는 위험물로서 이를 마신 자는 반드시
　　　　 용기에 잔량이 남아 있지 않음을 확인 시켜야
　　　　 한다.

2. 동법시행령

【제1조】 조직원이 많을 시는 공장장을 2인으로 할 수

있다. 이 경우 공장장은 서로 마주 위치해야 하며 폭탄주는 각기 반대 방향으로 진행시켜야 한다.

【제2조】공장장 이외의 자가 국지적으로 제조하여 이를 유통시켜서는 안 된다.

【제3조】폭탄주는 원료가 17년산 미만의 용액을 사용하여야 하며, 그 이상의 고순도를 사용할 경우 이를 제지하여야 한다.

【제4조】폭탄주는 한 순배를 원칙으로 하며 두 순배를 초과해서는 안 된다. 조직이 4분5열 되어 심화학습에 진입한 소단위 조직에도 동법은 동일하게 적용되어야 한다.

【제5조】폭탄주를 마신 자는 목소리나 행동으로 이를 폭발시켜서는 안 된다.

3. 부칙

【제1조】이 법은 열람하는 순간부터 발효됨.

【제2조】시행규칙은 각자가 알아서 만들어 지키도
　　　록 함.

【제3조】너무 깊이 따지고 들면 주당협회에서 제명당
　　　할 수 있음.

※ 생활과 밀접한 법률이니 만큼 평소 생활화하여 법을 어기

는 일이 없어야 할 것임. 지켜지지 않을 경우에는 단명(短

命)조치됨.

사자성어 방사편

房事篇

1. 天地陰陽 (천지음양 – 천지간은 음양이라)

2. 雌雄遊戲 (자웅유희 – 암수 한 쌍 놀아나네)

3. 雙方廉探 (쌍방염탐 – 서로 간에 눈치 살펴)

4. 以心傳心 (이심전심 – 텔레파시 서로 통해)

5. 意氣投合 (의기투합 – 좋고 좋아 얼씨구나)

6. 客室探訪 (객실탐방 – 몸 풀 곳을 찾고 있네)

7. 男女抱擁 (남녀포옹 – 년 놈들이 끌어안고)

8. 愛撫興奮 (애무흥분 – 비벼대니 찌릿찌릿)

9. 乳房浸透 (유방침투 – 젖가슴에 손을 넣고)

10. 舌往舌來 (설왕설래 – 두 혓바닥 들락날락)

11. 乳頭點檢 (유두점검 – 젖꼭지를 클릭하고)

12. 腹部探訪 (복부탐방 – 배때기를 더듬더듬)

13. 中部前線 (중부전선 – 한복판의 작업장엔)

14. 完全無缺 (완전무결 – 거칠 것이 없을세라)

15. 萬事如意 (만사여의 – 모든 일이 뜻과 같이)

16. 準備完了 (준비완료 – 일하도록 되어있네)

17. 作戰開始 (작전개시 – 이제한번 붙어볼까)

18. 被服解脫 (피복해탈 – 껍데길랑 벗어젖혀)

19. 玉池點考 (옥지점고 – 무릉도원 살펴보니)

20. 玉水噴出 (옥수분출 – 꿀물들이 젖어있네)

21. 開封迫頭 (개봉박두 – 열어줄 때 되었으니)

22. 陽物据銃 (양물거총 – 거시기를 바쳐 들고)

23. 膣門通過 (질문통과 – 경계초소 지나고서)

24. 玉內入城 (옥내입성 – 진중으로 들어가니)

25. 好好歡迎 (호호환영 – 날고뛰고 맞이하네)

26. 現場投入 (현장투입 – 작업실에 들어 앉아)

27. 雌雄交接 (자웅교접 – 거시기가 얽혀졌네)

28. 左三右三 (좌삼우삼 – 좌로 세 번 우로 세 번)

29. 左衝右突 (좌충우돌 – 좌우간을 왔다갔다)

30. 九淺一深 (구천일심 – 얕게 깊게 구대일로)

31. 本色露出 (본색노출 – 본바탕이 들어나네)

32. 前進後退 (전진후퇴 – 전방후방 왔다갔다)

33. 東奔西走 (동분서주 – 동에 번쩍 서에 번쩍)

34. 精神朦朧 (정신몽롱 – 머리통이 아리 까리)

35. 無我之境 (무아지경 – 내가 지금 어데 있노)

36. 戰鬪熾烈 (전투치열 – 요분질이 치열하고)

37. 歡喜極致 (환희극치 – 즐거움이 극에 달해)

38. 漸入佳境 (점입가경 – 거기에다 한 술 더 떠)

39. 高聲放歌 (고성방가 – 소리소리 질러대네)

40. 鎔巖噴出 (용암분출 – 옥당 속에 불이 붙어)

41. 精銃發射 (정총발사 – 물총으로 잠재우네)

42. 十分休息 (십분휴식 – 담배한대 피워 물고)

43. 衣冠整頓 (의관정돈 – 옷가질랑 걸쳐 입고)

44. 再會約束 (재회약속 – 다시 만날 약속하며)

45. 遊廓脫出 (유곽탈출 – 모텔에서 사라지네)

세 번
한다는데

• 남자는 태어나서 세 번 운다는데……

  1. 태어날 때

  2. 사귀던 여자 친구와 헤어졌을 때

  3. 부모님 돌아가셨을 때

• 여자는 태어나서 세 번 칼을 간다는데……

  1. 사귀던 남자친구가 바람피울 때

  2. 남편이 바람피울 때

  3. 사위 녀석이 바람피울 때

• 남자는 부인에게 세 번 미안해 한다는데……

  1. 카드대금 청구서 날아올 때

2. 아내가 분만실에서 혼자 힘들게 애 낳을 때

3. 부인이 비아그라 사올 때

• 여자는 남편에게 세 번 실망 한다는데……

1. 시도 때도 없이 귀찮게 할 때

2. 운전하다 딴 여자한테 한 눈 팔 때

3. 비아그라 먹고도 안 될 때

• 부모님은 세 번 속상해 한다는데……

1. 어린 자식이 아플 때

2. 시집간 딸년이 부부싸움하고 짐 싸서 친정 올 때

3. 장가간 아들 녀석이 여편네 데리러 처가에 갈 때

난센스 성인유머의
진수

1. 먼저 손가락이 저의 작고, 둥근 몸속으로 슬그머니 들어옵니다. 언제나 최고의 남자가 가장 먼저 저를 갖습니다. 저는 무엇일까요?

   결혼반지

2. 저는 두 쪽으로 나누어져 있으며, 먹히기 전에 벗겨져야 합니다. 당신의 손가락이 저를 발가벗게 합니다. 사람들은 절 먹기 전에 핥기도 합니다. 저는 무엇일까요?

   땅콩

3. 저는 하루 종일 들어왔다 나갔다 하기를 반복합니다. 영어로는 Blow job이라고도 하더군요. 저는 저의 원래 뿌리 보

다 훨씬 더 커지기도 하지요. 남자의 입에 들어갈 때도 있지만, 대부분 여자의 입에서 놉니다. 저는 누구일까요?

풍선껌

4. 저는 정말로 크기가 각양각색입니다. 제 컨디션이 별로 좋지 않을 때는 질질 흘리기도 한답니다. 당신이 절 불어주신다면(blow me), 제 기분이 한결 좋아질 수 있을 텐데. 저는 누구일까요?

코

5. 전 주로 남자들과 함께 일하죠. 가끔 커다란 공이 매달려 있을 때도 있어요. 제가 대낮에 일하고 있을 때는 마을 여자들이 눈살을 찌푸린 답니다. 저는 무엇일까요?

기중기

6. 신혼여행 중 신부가 신랑에게 주는 약은?

배멀미약

194

7. 가장 기분 좋고 황홀한 춤은?

   입맞춤

8. 가장 달콤한 술은?

   여자입술

9. 고추 값이 오르면 걱정되는 사람은?

   노처녀

10. 성폐쇄설은 누가 주장했나?

   고자

11. 성억제설은 누가 주장했나?

   참자

12. 성개방설은 누가 주장했나?

   주자

13. 찔러도 피한방울 하나 안 나는 사람?

　노(no) 처녀

14. 벌건 대낮에도 훌랑 벗고 손님을 기다리는 것은?

　통닭

15. 유부녀를 가장 좋아하는 사람?

　산부인과 의사

16. 키스의 한자 숙어 4글자는?

　舌往舌來

17. 피가 나야 좋은 것은?

　고스톱

18. 비만증 이란?

　남녀가 서로 몸을 비비고 만지는 증세

19. 사랑을 느껴야 할 수 있으며 두 사람이 하는 것입니다. 피를 봐야 하는 것입니다. 옷을 벗어야 하며 앉거나 서서 하는 체위가 있으며 고통이 따릅니다. 무엇일까?

헌혈

20. 결혼하면 남자의 것을 여자가 빨아야 하는 것은?

빨래

21. 손만으로 해서는 안 되고 허리를 잘 써야 하는 것은?

노젓기

22. 신혼여행 떠나는 신부를 보고 신랑이 필요 없는 것은 두고 가라고 했다. 신부가 놓고 간 것은 무엇일까?

속옷

23. 사랑을 하면 눈이 먼다고 하는데 그 이유는?

밝아도 더듬게 된다.

24. 첫날밤을 지낸 신혼부부가 밤에 보는 해는?

  신부 : 만족해, 신랑 : 행복해

25. 한 달을 살고 난 부부가 밤에 보는 해는?

  신부 : 더해!, 신랑 : 그만해

26. 이제 중년에 접어든 부부가 밤에 보는 해는?

  신부 : 뭐해? 신랑 : 뭘해?

27. 이 시대 최고의 팔불출은?

  마누라 보고 흥분하는 놈

28. 남자들이 여자와 나들이 할 때 멀리 가려는 이유는?

  버스가 끊어질 확률이 높다.

29. 비아그라의 출현으로 남자들이 얻는 이득은?

  이득을 얻는 건 오직, 여자뿐이다.

30. 성숙한 여인들이 한 달에 한 번씩 치르는 행사는?

반상회

31. 새신랑과 안경 낀 사람의 공통점은?

벗으면 더듬는다.

32. 흔들 때 쾌감, 쌀 때 허무함이 뭐에요?

고스톱

33. 남자의 코가 크면 무엇이 클까?

콧구멍

34. 제비가 배가고플 때 어떻게 울까?

사모님, 사모님

35. 추우면 커지고 더우면 작아지는 물건은?

고드름

36. 그녀가 힘을 더 주라고 해서, 난 이를 악물고 최대한 힘을 줬다. 무엇을 했을까?

헌혈

37. 코는 영어로 Nose, 입은 영어로 Mouth, 눈은 영어로 Eye, 그렇다면 거기(?)는 영어로?

There

38. 남자에게는 있고, 여자에게는 없는 것, 아줌마에겐 있고 아저씨에겐 없는 것, 처녀에겐 없고 총각에겐 있는 것은 무엇일까?

받침

39. 신혼 첫날 밤 치러야하는 전쟁 5가지는?

샤워, 누워, 세워, 끼워, 고마워/미워

40. 남자는 축구, 농구, 골프 같은 운동을 좋아하는 이유는?

본능적으로 넣는 걸 좋아한다.

스트레스를 확! 풀어주는

3장 야담유머

《고금소총(古今笑叢)》은 조선시대 전반에 걸쳐 만들어진 설화집으로 편자(編者)와 연대(年代)가 밝혀져 있지 않으나, 당시에는 성(性)과 관련된 풍자와 해학으로 서민을 위한 또 다른 해방구이자 카타르시스 역할을 해왔다. 속칭 육담(肉談)으로 불렸으며, 문헌과 구전(口傳) 등을 통해 이어졌다.

모로쇠전

毛老金傳

모로쇠[毛老釗][1]란 사람이 있었다. 거시기(渠是基)[2] 마을에 사는 그는 볼 수는 없으나 땅에 떨어진 가을털[秋毫][3]도 찾을 수 있고, 들을 수도 없지만 개미가 씨름하는 소리까지 느낄 수가 있다. 코 역시 막혔으나 쓰고 단맛을 맡을 수가 있고, 입이 비록 벙어리라도 말은 황허[黃河][4] 강물이 천릿길을 달리는 것 같더라. 다리를 절지만 자식을 아홉 명이나 두었고 집은 낡아빠져 초라하지만

---

[1] 모로쇠[毛老釗] : 방언으로 알 수 없는 존칭이다. : (原本) 주(註)

[2] 거시기(渠是基) : 방언으로 동서(東西)가 정해지지 않은 말 : 원본(原本) 주(註)

[3] 가을털[秋毫] : 가을에 짐승의 털이 아주 가늘다는 뜻으로, 아주 적거나 조금인 것을 비유적으로 이르는 말.

[4] 황허[黃河] : 황하(黃河,는 중국에서 창 강 다음으로 긴 강이다. 칭하이 성의 쿤룬 산맥에서 발원하여 5,463 km를 흐르며 보하이 만으로 흘러든다.

항상 백설아마(白雪鵝馬)[5]를 타고 다녔는데, 말색[馬色]이 숯처럼 먹칠한 것 같았다.

언제나 자루도 날도 없는 낫을 띠도 두르지 않은 허리에 차고 11월 37일에 산에 들어가 풀을 베니 양지쪽에는 눈[雪]이 아홉 자나 쌓였고, 응달에는 풀이 많고 무성하더라. 드디어 낫으로 풀을 베려 하니 삼족사(三足蛇)[6]가 나타났는데 머리도 없고 허리와 꼬리도 없더라. 뱀을 바라보고 있노라니 뱀이 갑자기 덤벼들어 들고 있던 낫을 물은즉 낫이 한순간에 퉁퉁 부어오르더니 이내 표주박 만하게 부풀어 올랐다.

모로쇠는 어쩔 줄을 몰라 마을로 돌아 내려오다가 도중에서 한 비구니(比丘尼)[7]를 만났는데, 자세히 보니 상투를 높이 올리고 얼굴에는 곱게 분을 발랐으며, 검

---

[5] 백설아마(白雪鵝馬) : 흰 눈처럼 하얀 거위 같은 말.
[6] 삼족사(三足蛇) : 발이 셋 달린 뱀.
[7] 비구니(比丘尼) : 출가(出家)하여 불문(佛門)에 들어 구족계를 받은 여승.

은 장삼을 걸치고, 하얀 망아지가 문틈으로 지나가듯
이 빨리 지나가거늘 급히 여승 앞에 나아가 낮에 대한
이야기를 하며 치료해줄 것을 물으니, 비구니는 수염
을 쓰다듬으면서 하는 말이, "그건 어렵지 않으니 큰
길에 말발굽이 닫지 않은 말발자국과, 불 지핀 일이 없
는 굴뚝의 그을음과, 흙탕물에 젖지 않은 진흙과, 교수
관(教授官)[8]의 먹다 남긴 밥과 차가운 적(炙)[9], 행수기생의
더럽힌 일이 없는 음모(陰毛)를, 글 읽을 때 고개를 끄덕
이지 않는 선비와 허리춤의 이(蝨)를 잡을 때 입을 삐죽
이지 않는 노승(老僧)에게 이 다섯 가지를 한데 넣어서
찧도록 하여 낮에 바르면 지체 없이 낫느니라."라고 하
였다.

　모로쇠는 다행이라 생각하며 마을로 내려오는데 길

---

[8] 교수관(教授官) : 조선 전기에, 문과(文科) 출신으로서 서울의 사학 및 향교(鄕
校)에 파견하던 교관으로 가난하여 밥과 고기를 남기지 않는다.
[9] 적(炙) : 닭고기·쇠고기나 조수육류, 버섯·채소 등을 손가락 크기로 썰어 갖
은 양념을 한 다음 꼬챙이에 꿰어 구운 음식의 총칭.

가 왼편을 보니 종이도 바르지 않은 대나무 바구니가 있는데 술이 열 말쯤 채워져 있기에 등자(鐙子)[10] 술잔으로 마구 떠 마시니 얼마 아니 가서 취하여 버렸다. 또한 위로 쳐다보니 귤나무에 석류가 주렁주렁 열려 두 손으로 땅을 짚고 방귀를 크게 한 번 뀌니 석류가 순식간에 다 떨어졌다. 주워 보니 전부 냄새가 심하여 먹을 수가 없었으나 모로쇠는 죄다 주워서 친구 없는 마을에 가서 친구들과 함께 포식을 했으니 장차 죽으려 해도 죽을 수 없고, 살려 해도 살 수도 없으니 마침내 어찌 되었는지 전혀 알 수가 없더라.

(고금소총의 어면순에서)

---

[10] 등자(鐙子) : 산을 오를 때나 눈길을 걸을 때, 미끄러지지 아니하도록 굽에 못을 박은 나막신.

주장군전

朱將軍傳[11]

장군의 이름은 맹(猛)이요, 자는 앙지(仰之)이며, 그 선조는 낭주(閬州: 음낭을 말함)사람이었다.[12]

윗대 선조인 강(剛)이 공갑(孔甲)[13]을 섬기되 남방주조역상(南方朱鳥曆象)이란 관직을 맡아 출납을 관장하더니 그 공(功)으로 공갑이 매우 기뻐하여 감천군(甘泉郡 : 달콤한 샘)을 탕목읍(湯沐邑: 물건의 모가지를 씻는 욕탕)[14]으로 하사(下賜)하여 자손들이 이로부터 그 지역에 살게 되었다.

---

[11] 주장군전(朱將軍傳) : 남자의 성기를 의인화하여 남자를 경험하지 않은 처녀와 방사를 하고 죽어나오는 내용으로 소설양식을 빌었다.

[12] 비유를 고치면 〈이름은 '늠름'이고 자는 '우뚝 서는 것'이며 고향은 '주머니'였다.〉 정도로 볼 수 있다.

[13] 공갑(孔甲) : 중국 하나라 왕으로 즉위한 후 귀신을 좋아하였으며 음란하였다.

[14] 탕목읍(湯沐邑) : 공신 또는 특정인에게 목욕 비용으로 쓰게 한다는 뜻으로 국가에서 특별히 내려준 봉토(封土)로 세금을 면제했다.

아비의 이름은 혁(絋)이며, 열 임금을 섬겨 벼슬은 중
랑장(中郎將)에 이르렀고, 어미 음(陰)씨는 본관(本貫)이 주
애현(朱崖縣 : 붉은 물가의 고을)으로 어려서부터 자색이 아
름다워 붉은 입술과 붉은 얼굴이 조화를 이루었고, 성
품이 따뜻하고 어질어서 내조의 공이 컸으므로, 그 남
편 혁(絋)이 매우 소중이 여기는 터라, 비록 조그만 허물
이 때때로 있었으나 그것을 나무라지 않았다.

대력(大曆) 11년[15]에 그 아들 맹(猛)을 낳으니, 맹의 품
행이 범상치 않았으나 다만 한 가지 흠이 있다면 눈이
하나뿐이었다.

성격은 온순하고 특히 목의 힘이 대단하고 전체적인
힘이 다른 사람보다 뛰어났다. 한번 화가 나면 수염이
꼿꼿하고 힘줄이 온몸에 드러나서 어떠한 일이 있더라
도 오래도록 읍하고 굽힐 줄 모르나 남을 공경할 줄 알
고, 수시로 내렸다가 일어서곤 했다. 몸에는 언제나 주

---

[11] 대력(大曆) 11년 : 당나라의 연호로 서기 776년.

홍빛 단령(團領)[16]을 입고 비록 엄동폭서(嚴冬暴暑)[17]를 당할지라도 벗을 줄을 몰랐다. 무릇 출입할 때는 반드시 두 개의 환자(丸子)를 붉은 주머니에 넣어서 잠시라도 몸에서 떠날 사이 없이 차고 다녔으므로, 세상 사람들은 모두들 독안용(獨眼龍 : 외눈박이 용)이라 하였다.

이웃에 장중선(掌中仙)과 오지향(五指香)[18]이라는 두 기생이 있었는데, 맹은 이들을 좋아하고 즐겨하였으나, 격현(鬲縣)[19]과도 몰래 사통(私通 : 간통)을 하니, 두 기생이 질투하여 맹을 교대로 주먹질을 하더라. 맹은 두들겨 맞아 눈시울이 몇 군데 찢어지고 눈물이 옷깃을 적시었으나 오히려 달게 받고 희롱하여 말하기를,

"하루라도 너희들의 주먹으로 두들겨 맞지 않으면 마음이 편치 않고 섭섭하더구나." 하니,

---

[16] 단령(團領) : 조선시대에 깃을 둥글게 만든 공복(公服). 색에 따라 흑단령(黑團領)·홍단령(紅團領)·백단령(白團領)·자단령(紫團領) 등(等)의 구별(區別)이 있음.

[17] 엄동폭서(嚴冬暴暑) : 혹독하게 추운 겨울과 매우 심한 더위.

[18] 장중선(掌中仙)과 오지향(五指香) : 손바닥 가운데의 신선과 5개 손가락. 곧 수음(手淫) 행위를 비유함.

[19] 격현(鬲縣) : 사타구니 부근을 말함.

이 이야기를 전해 듣는 사람들은 모두 맹을 천박하게 여겼다. 이에 맹이 잘못을 깨닫고 뉘우치며, 기운을 갈무리하고 나서지 않더라.

단갑(亶甲)[20]이 즉위한 지 3년에 제군(臍郡)[21] 자사(刺史), 환영(桓榮)[22]이 상소하기를,

"군(郡)[23] 아래 오래된 보지(寶池)[24]라는 연못이 있사온데, 샘물이 달고 땅이 기름진 곳이어서 초목이 무성하나, 사는 백성들이 희소하오니, 힘써서 개간한다면 반드시 그 효과가 클 것으로 생각하오나, 근래에 가뭄이 심하여 그 못이 거의 마르고 가끔 습한 기운이 위로 올라와 응결하고 있사오니, 원하옵건대 폐하께서는 즉시

---

[20] 단갑(亶甲) : 하단갑(河亶甲). 중국 은나라의 임금.
[21] 제군(臍郡) : 배꼽을 의인화한 말.
[22] 자사(刺史), 환영(桓榮) : 음탕한 기생을 이르는 말. (고금소총의 어면순 원문의 주)
[23] 군(郡) : 제군(臍郡)—〉배꼽
[24] 보지(寶池) : 보배로운 연못.

조신(朝臣)을 파견하시와 지신(地神)을 잘 타일러 깨우쳐 주시고 날로 인부를 동원하여 못을 깊이 파서 연못의 흘러가는 물을 아래쪽에 모아둔다면 연못의 근본을 잃지 않을 것이오며, 무릇 혈기왕성한 사람들이나, 비록 무식한 필부(匹夫)와 필부(匹婦)라 할지라도 어찌 폐하의 조치에 흠모하고 감동하지 않으리오.”

왕은 그 말을 옳게 여기고, 파견할 사람을 물색하였으나 좀처럼 생각나지 않으므로, 여러 신하를 모아서 인물 선택을 자문하니 온양부(溫陽府) 경력(經歷)[25] 주자(朱泚)가 맹을 추천하면서 가히 쓸 만하다고 하니, 왕은 이르기를,

“짐도 또한 음향(飮香)이 오래인지라, 다만 일반적으로 말하기를 ‘눈이 바르지 못하면 그 마음도 바르지 못하다’ 하며, 또한 ‘나쁜 땅에는 풀이 자라지 않는다.’

---

[25] 경력(經歷) : 문서의 출납을 맡아 보는 직책.

한즉 듣기로는 맹의 머리가 벗겨지고 외눈이라 하니
한이로다.”

　주자가 그 말을 듣고 사모(紗帽)도 안 쓴 대머리를 조
아리며,

　“옛 성군은 오히려 두 알로써 간성지장(干城之將)[26]을
버리지 않았다 하옵니다. 어찌 다만 한 가지 용모의 흠
을 가지고 갑자기 버리시나이까? 원하옵건대 폐하께
서는 당분간만 맹을 시험하여 써 보소서. 만일에 맹이
그 직책을 능히 감당하지 못한다면, 신(臣)이 그 죄를 마
땅히 감수하겠나이다.”

　왕이 아무 말 없이 오래도록 앉았다가 말하기를,

　“경의 말이 옳도다. 다만 맹이 깊은 숲속에서 몸을

[26] 간성지장(干城之將) : 나라를 지키는 믿음직한 장군.

움츠리고 그 양기를 감추고, 다른 사람들에게 알려지는 것을 두려워하거늘, 그가 짐의 부름에 응할지 그것이 걱정이로다." 하니, 주자가 이르기를,

"맹의 성품이 강유(剛柔)를 겸하여 펴고 나오면 그 위력이 하외(河外)에 미치고, 비록 사나운 용맹을 굽혀서 하내(河內)에 들어가 있음은 사지(四肢)에 뼈가 없는 듯하옵니다. 폐하께서 성심껏 청하신다면 그가 어찌 사양할 수 있겠나이까?" 하였다.

왕이 주비로 하여금 날을 받아 패물을 가지고 가게 하였는데, 맹이 흔쾌히 왕명을 받들거늘 왕은 크게 기뻐하며 절충장군(折衝將軍)[27]을 하사(下賜)하시고 보지소착사(寶池疏鑿使)[28]로 명하시니, 맹은 명을 받들어 그 날로 출행하여 용천(涌泉)을 열고 양릉천(陽凌泉)을 거쳐 양관(陽關)을 지나니 곧 언덕에 이른다. 못과 양릉천 사이의

---

[27] 절충장군(折衝將軍) : 절충(折衝; 상대와 교섭하거나 담판함)
[28] 보지소착사(寶池疏鑿使) : 보지(寶池)를 깊이 뚫어 트이게 하는 임무를 맡은 사신.

거리는 겨우 삼리(三里)이다. (용천, 양릉천, 양관, 삼리 등은 모두
침뜸을 놓는 혈(穴)의 이름이며, 다리와 발에 있다—원문 주석)

먼저 이성(尼城) 사람 맥효동(麥孝同)[29]이 사사로이 방략
(方略)을 획책하여 연못을 파려고 노력하였으나, 장군이
도착하였다는 소식을 듣고 부끄러워하며 물러났다.

장군은 사방을 두루 살피고 수염을 쓰다듬으며 눈을
부릅뜨고 말하기를,

"이 땅은 북(北)으로 옥문산이 솟아 있고, 남(南)으로
황금굴이 이어 있고, 동서(東西)로 붉은 언덕이 둘러서
있고, 그 중심에 바위가 하나 있으니, 모양은 흡사 감
씨[음핵(陰核)을 말함]를 닮았으니, 진실로 술객(術客)들이 말
하는 요충지(要衝地)요, 붉은 용이 구슬을 머금은 형국이
라, 힘쓸 줄 아는 용자(勇者)가 아니면 성공하지 못할 것

---

[29] 맥효동(麥孝同) : 속담에 이르기를 음탕한 비구니가 보릿가루를 빚어 남근
모양의 기구를 만들어 그 모양을 일러 맥효동(보리로 만든 효자)이라 하였
다. 곧 남근 모양의 기구.

이로다."

하고 드디어 그 형세를 왕에게 표(表)[30]를 올리니,

"신(臣) 맹은 선조(先祖)의 여열(餘烈)[31]을 이어받아 성조
(聖朝)의 크나큰 은혜를 입어 천릿길을 달려 죽어서라도
그 절개를 세우려 하는 바이라, 어찌 오래도록 외지에
서 사소한 고행을 싫어하리오. 성공한 후라야 알 것이
오니, 몸이 감천군에 이르러 어찌 일함을 꾀하지 않으
리오. 바라옵건대 살아서 옥문관(玉門關) 속으로 들어갈
날만 기다려 마지않는 바이옵니다."

왕이 표를 보시고 즐겨 마지않으시면서, 옥새(玉璽)
가 찍힌 문서를 보내어 그의 공적을 칭찬하는 글을 내
렸다.

---

[30] 표(表) : 마음에 품은 생각을 적어서 임금에게 올리는 글.
[31] 여열(餘烈) : ①조상이 대대로 남긴 사업이나 공적 ②일을 마친 뒤에 아직 남
아 있는 독기(毒氣).

"서방(西方)[32]의 일은 오직 경에게 맡겨 부탁하는 바이니, 경은 노력을 아끼지 말지어다."

맹이 조서를 받들어 머리 조아려 치사하고, 사졸(士卒)과 함께 고락(苦樂)을 같이하며, 혹은 타이르고 혹은 파헤치며 혹은 반면(半面)만 보이다가 혹은 전체를 나타내고, 구부렸다가 치켜들고, 엎디었다 제쳤다, 들어갔다 나갔다, 몸을 굽혀 있는 힘을 다하여 거의 필사적이라.

일은 아직 반도 못하여서 비로소 맑은 물줄기 몇 가닥이 흐르더니, 갑자기 탁한 물이 용솟음쳐 나와 섬 전체가 몽땅 물에 빠지고 수풀도 잠겼으니, 장군 또한 온몸이 흠뻑 젖어 똑바로 서 있으나 머리털 하나 움직일 수 없었다.

그때 마침 슬생(蝨生: 이)과 조생(蚤生: 벼룩)의 무리들도 함께 조씨(爪氏)³³의 환(患)을 피하여 같이 숲속에 숨어 있다가 역시 용솟음치는 물에 변을 당하였다. 물에 밀려 황금굴³⁴까지 떠내려갔다가 굴신을 만나 울부짖으며 살려달라고 하니, 굴신이 입을 삐죽이며 근심스레 말하기를,

"요사이는 도망 다니는 무리까지 이런 환(患)을 당하는구나. 그가 가끔 미음을 주는 것을 고맙게 여기기만 했는데, 본래의 성품대로 도망 다니고 입을 다물어 말하는 않는 그대들을 위하여 마땅히 그치게 하리라." 하였다.

조생 등은 좋다고 날뛰며 말하기를,

"이 일은 저희들의 생사에 관한 골육(骨肉)³⁵이옵니

³³ 조씨(爪氏) : 방언에 여자아이의 손톱을 말함.-원문의 주석임. 이나 벼룩을 잡으려는 손톱을 뜻함.
³⁴ 황금굴 : 항문을 뜻함.

다." 하였다.

굴신이 연못신을 힐책하여 말하였다.

"너희 집의 손님이 너무나 심하게 구는구나. 항상 이 환낭(二丸囊)[36]을 우리 집 문 앞에 달아두고 출입(出入)이 무항(無恒)[37]하니, 처음은 다문다문 하다가 나중에는 너무 잦은 나머지 우리 집 뜰과 문을 흠뻑 적시고 문짝을 함부로 두들기며 광란하느냐?"

연못신이 용서를 빌며 말하기를,

"그 손님이 거칠고 욕심이 많아 그 폐가 존신(尊神)에게 미쳤으니 비록 미음죽의 변상이 있기는 하였으나

---

[35] 골육(骨肉) : 뼈와 살을 말함. 여기서는 문맥상으로 생사(生死)를 강조한 것으로 보인다.
[36] 이환낭(二丸囊) : 불알.
[37] 무항(無恒) : 일정하지 않고 수시로, 시도 때도 없이.

어찌 대문을 더럽히는 욕만 하겠습니까? 지금 존신을
위하여 마땅히 그를 죽도록 하겠습니다." 하였다.

정오가 되어 연못신이 가만히 엿보니, 사역하는 장
군은 힘쓰는데 정신이 팔려있는지라, 가만히 그 머리
를 깨물고 또한 두 언덕의 신을 부려 협공케 하니, 장
군은 기운이 다하여 골수를 몇 술 가량 흘리더니 머리
를 떨어트리고 죽고 말았다.

이 부음(訃音)을 들은 왕은 몹시 애통하여 파조(罷朝)[38]
를 명하고 특별히 〈장강온직효사홍력공신(長剛溫直效死弘
力功臣)〉[39]이란 시호를 내리시고, 예로서 곤주(褌州)[40]에
장사지냈다. 나중에 어떤 사람이 장군을 만났는데, 모
자를 벗은 대머리를 번쩍거리며 항시 보지(實池) 연못

---

[38] 파조(罷朝) : 조회를 마침.
[39] 장강온직효사홍력공신(長剛直效死弘力功臣) ; 길고 단단하며 곧으며 사력을
다해 온 힘을 바친 공신)
[40] 곤주(褌州) : 잠방이 곤(褌) ㉠잠방이(가랑이가 짧은 홑고의) ㉡속옷

속을 헤엄쳐 다니며 불생불멸(不生不滅)의 석가모니의 학
문을 배우고 있는 불자(佛者)가 되었더란다.

(고금소총의 어면순에서)

※ 주장군은 힘은 굉장히 세지만 생긴 것 때문에 주목 받지

못해 깊은 숲에 처박혀 지낸다.

임금이 못을 파야 되는데 주장군을 부르길 꺼리자 신하가

용모가 칠 게 없다는 이유로 밀어내면 안 된다 하여 그에

게 맡기니 사람이 10년이나 해야 할 일을 단 하루 만에 해내고 죽어버린다. 내용을 잘 보면 주장군은 남자의 성기라 할 수 있다.

초반에 보면 그의 생김새에 대한 묘사가 나오기 때문이다. 그는 세상에 나서지 않아 모아두었던 정력을 한꺼번에 써버린 것이다. 그리고 주장군이 연못을 파는 모습은 마치 남녀가 성행위 하는 모습을 보여주고 있는 듯하다.

이 작품에서 작자가 무엇을 말하려는지 잘 모르겠다. 단순히 음담패설인지 아니면 주장군의 생을 통해 우리에게 무언가에 대한 경각심을 일깨워 주려는 것인지 말이다.

하지만 작품의 마지막을 보면 작자가 주장군의 행동을 통해 우리에게 무엇인가 전달하려고 한다는 것을 알 수 있다. 작자는 주장군이 행한 자취를 공정히 생각해 보면 가히 씩씩할 줄도 알고 겁낼 줄도 아는 가운데 자신의 몸을 희생해서 인을 성취한 자라 할 수 있어서 장하다고 말하고 있기 때문이다.

어찌 닭이 아까우리요

鷄何可惜

　시골사람 하나가 밤에 그 처(妻)를 희롱하여,

　"오늘밤에 그 일을 반드시 수십 차례 해줄 테니, 그대는 어떠한 물건으로 나의 수고에 보답하겠느뇨?"

　하니 여인이 대답해 가로되,

　"만약 그렇게만 해 주신다면 제가 세목(細木)[41] 한 필을 오래 감춰 둔 것이 있는데 명년 봄에 반드시 열일곱 줄 누비바지를 만들어 사례하리오다."

　"만약 기약만 지켜주면 오늘밤 들어, 하기를 열일곱 번은 틀림없이 해 주리다."

　"그렇게 하십시다."

---

[41] 세목(細木) : 올이 가늘고 고운 무명.

이날 밤 남편은 일을 시작하는데 일진일퇴의 수를 셈하기 시작하며 가로되,

"일차……이차……삼차."

이렇게 세니 여인이 가로되,

"이것이 무슨 일차, 이차입니까? 이와 같이 한다면 쥐가 나무를 파는 것과 같으니까, 일곱 줄 누비바지커녕 무명홑바지도 오히려 아깝겠소이다."

"그러면 어떻게 하는 것이 일차가 되는가?"

"처음에는 천천히 진퇴하여 그 물건으로 하여금 나의 음호(陰戶)에 그득 차게 한 후에, 위를 어루만지고 아래를 문지르며 왼쪽을 치고 오른쪽에 부딪쳐서, 아홉 번 나아가고 아홉 번 물러감에 깊이 화심(花心)에 들이밀어 이와 같이 하기를 수백차를 한 후로 양인이 마음은 부드러워지고, 사지가 노글노글하여 소리가 목구멍에 있으되 나오기 어렵고 눈을 뜨고자하되 뜨기 어려운 경지에 가히 이르러, '한번' 이라 할 것이요. 그리하여 피차 깨끗이 씻은 후에 다시 시작함이 두 번째 아니겠소?"

하며 이렇게 싸우고 힐난하는 즈음에 마침 이웃에
사는 닭서리꾼이 남녀의 수작하는 소리를 들은 지 오
래라. 크게 소리쳐,

"옳은지고! 아주머니의 말씀이여! 그대의 이른바 일
차(一次)는 틀리는 도다. 아주머니의 말씀이 옳다. 나는
이웃에 사는 아무개로서 누구누구 두세 친구가 장차
닭을 사서 밤에 주효(酒肴)[42]나 나눌까 하므로, 그대의
집 두어 마리를 빌리니 후일에 반드시 후한 값으로 보
상하리라."

하니, 그 도둑이 채 말을 끝내기도 전에 그 여인이,

"명관(名官)의 송사(訟事)를 결단함이 이와 같이 지공무
사(至公無私)[43]하니, 뭐 그까짓 두어 마리 닭을 어찌 아깝
다 하리오." 하고 다시,

"값은 낼 필요가 없도다." 이와 같이 시원하게 대답
하였다.

(고금소총의 어수신화에서)

---

[42] 주효(酒肴) : 술과 안주를 아울러 이르는 말.
[43] 지공무사(至公無私) : 지극히 공정하여 사사로움이 없음.

중이 축원을 그치게 하다

僧止兩祝

　　스님 한 분이 서울의 뛰어난 경치에 대해 듣기 싫을 정도로 들은 뒤, 송기떡과 들깻잎밥 등을 싸가지고 남문으로부터 동으로 향하여 순행해서 서쪽으로 사직(社稷)뒷길에 이른 즉, 이미 날이 저물매 인경[人定]⁴⁴ 칠 때가 가까워 왔는지라, 원래 서울에 아는 집이 없고 잘 곳도 없는데 밤에 순라군(巡邏軍)⁴⁵에게 붙잡힐 염려가 있는지라, 한 재상가의 행랑 뒤의 굴뚝 사이에서 은신하고 장차 파루(罷漏)⁴⁶ 칠 때를 기다렸는데, 밤은 깊어

---

44 인경[人定] : 조선 시대에, 통행금지를 알리기 위하여 밤마다 치던 종. 통금해제는 파루(罷漏).

45 순라군(巡邏軍) : 조선시대 도둑·화재 등을 경계하기 위해 밤에 궁중과 도성(都城) 안팎을 순찰하던 군인.

224

삼경이 되매 만뢰(萬籟)[47]가 고요한데, 행랑방에서 사내가 그 처(妻)에게 말하기를,

"우리 두 사람이 밤마다 그 일을 빼지 않고 하되 헛되이 정혈(精血)만 낭비하고 마침내 자식 하나 얻지 못하였으니 심히 괴상한지라, 이는 반드시 축원치 않고 일을 하기 때문이니 지금으로부터 시작하여 원하는 바를 따라 그 정성을 다하여 입으로 축원을 드리는 것이 좋을 것이라."

한즉 여인이

"그걸 진작 그렇게 할 걸 그랬어요."

하며 남편을 향하여

"낭군의 소원은 어떤 아들딸을 원하십니까?"

"나는 풍신 좋고 지략 많은 건강한 남자를 낳아서 길이 후한 요포(料布)[48]를 받아 아문(衙門)[49]에서 일하고 쌀

---

[46] 파루(罷漏) : 조선 시대에, 서울에서 통행금지를 해제하기 위하여 종각의 종을 서른 세 번 치던 일. 오경 삼점(五更三點)에 쳤다
[47] 만뢰(萬籟) : 자연계에서 나는 온갖 소리.

도 많고 돈도 많은 남자를 부러워하노라."

하며 처에게 물어 가로되,

"낭자의 소원은 과연 어떠하오?"

"평생에 얼굴이 잘생기고 영리한 여자로서 길이 전
재(錢財)[50]가 많아서 시어미 시아비 없는 집 며느리가 되
어, 돈 쓰기를 물과 같이 하며, 또 우리 친정집에도 그
혜택이 미치게 하는 그러한 여식아이를 두기 원하오."

하며 곧 이 큰 소망들을 성취해 보려고 그 일을 시작
할 즈음에 낭군이 크게 그 물건을 일으켜서 그 구멍에
꽂고 다시 수건으로 손을 씻고 경축하기를

"성조도감 신령전(成造都監[51] 神靈前)에 대마구종 조성지
원(大馬驅從[52] 造成之願)이오. 색장구종(色掌驅從)[53] 조성지원
이오. 행수사령(行首使令)[54] 조성지원이오. 인배사령(引陪

---

[48] 요포(料布) : 관아의 원역들에게 급료로 주던 무명이나 베.

[49] 아문(衙門) : 급이 높은 관청(官廳)을 통틀어 이르던 말

[50] 전재(錢財) : 재물로서의 돈.

[51] 성조도감(成造都監) : 지금의 건축위원회 격.

[52] 대마구종(大馬驅從) : 대가(大家)에 딸린 마부(馬夫)의 우두머리.

[53] 색장구종(色掌驅從) : 각 관청의 고관을 모시고 다니는 하인을 구종(驅從)이
라 하고, 색장(色掌)은 일을 맡아보는 계원(係員)이라는 뜻.

226

使令) 조성지원이요, 고직방직(庫直房直) 조성지원이요, 기총대총(旗摠豪摠) 조성지원이요, 이로부터 원을 따라 조성조성(造成造成)하여지이다."

하고 비니,

여자가 따라서 대대(對對)를 지어 축원하기를,

"삼신점지(三神點指)로 제석전 수청시녀 점지지원(帝釋前隨廳侍女點指至願)이요, 선정각시(善釘閣氏) 점지지원이요, 전갈비자(傳喝婢子) 점지지원이요, 찬색저아(饌色姐娥) 점지지원이요, 아지유모(阿只乳母) 점지지원이요, 모전분전 말루하(毛塵粉塵抹樓下) 점지지원이요, 의녀무녀(醫女巫女) 점지지원이요, 수모중매(首母仲媒) 점지지원이니, 한번 양정(陽精)을 받아 원을 따라 점지하소서."

하니, 스님이 창구멍을 뚫고 들여다보니 그 해괴망측하고 음란질탕한 형상을 눈뜨고 차마 볼 수 없는지라 스님의 아랫배가 뭉클하며 배 아래에 있는 물건이 크게 성내는지라 주먹으로 그 물건을 어루만져 희롱하

---

54 행수사령(行首使令) :

며 축원하기를,

"나무아미타불. 불전인도화상(佛前引導和尙) 출생지원
(出生至願)이오. 법고화상(法鼓和尙) 출생지원이오. 바라화
상출생지원이오. 대사수승(大師首僧) 출생지원이오. 총섭
승장(總攝僧將) 출생지원이니, 어찌 이 홀아비중이 홀로
남자를 낳으며, 어찌 이 홀아비 중이 홀로 여자를 낳으
리오. 아미타불도 할 수 없을 것이오. 관음보살도 할
수 없을 것이라. 아난가섭(阿難迦葉)에 일석인연으로 생
남생녀했다는 일을 내 아직 듣지 못했으니 방중시주
양위부처(放中施主兩位夫妻)는 음양배합에 가히 축원하는
바가 있으나, 문밖에 객승은 상하독두(上下禿頭)에 아직
아름다운 짝이 없으니, 어찌할 수 없는지라……."

이와 같이 할 즈음에 창문이 찢어지며 어느 새에 스
님의 아래 독두가 방안으로 뛰어드는지라, 방안의 축
원하는 소리가 급작이 놀래어 멈추더라.

(고금소총의 어수신화에서)

기생이 시를 평하다
妓評詩律

    부안(扶安) 기생 계월(桂月)이 시 읊기를 잘하고 노래와 거문고에 능하였다.

    그는 스스로 매창(梅窓)이라 호(號)를 짓고 서울로 뽑혀 올라오게 되었다. 귀공자와 준재(俊才)들이 모두 다투어 먼저 맞이하여 수창(酬唱)[55]하고 논시(論詩)하였다.

    어느 날, 유(柳)라는 선비가 그녀를 찾았을 제, 김(金)·최(崔) 두 사람이 먼저 자리에 앉았는데 둘은 모두 광협(狂俠)으로 자부하였다.

---

[55] 수창(酬唱) : 시가(詩歌)를 서로 불러 주고받음.

계월이 술자리를 벌여 그들을 접대하였다. 술이 반쯤 취하자 셋이 서로 계월을 독점하려는 기색이 나타나는 것이다. 계월은 웃으면서,

"당신들이 각기 풍류장시(風流場詩)를 외어 한 차례 기쁨을 나누는 것이 어떨까요. 만일에 제 마음에 드는 아름다운 글귀가 있다면 오늘 저녁에 모시기로 하리다. 먼저 천기(賤妓)들의 전송(傳誦)[56]하는 시를 외어 드리리다."

하고 다음과 같은 두 절의 시를 읊는 것이었다.

"옥같이 고운 팔은 여러 사내 베개요,
붉은 그 입술은 여러 손님 맛보았소.
네 몸이 보아하니 서릿날이 아니어늘
어이하여 나의 애간장을 끊고 가는 거요.

삼경 달밤에 발이 춤을 추고

---

[56] 전송(傳誦) : 여러 사람의 입에서 입으로 전하여 가며 욈.

일진(一陣) 바람결에 이불이 펄렁이네

이때를 당하여 무한한 그 맛은

오직 두 사람이 함께 해야만 누릴 것이오."

그들 세 사람은 모두 응낙하였다. 김이 먼저 칠언절
구(七言絶句) 한 수를 읊었다.

窓外三更細雨時 (창외삼경세우시)

兩人心事兩人知 (양인심사양인지)

歡情未洽天將曉 (환정미흡천장효)

更把羅衫問後期 (경파라삼문후기)[57]

창 밖 삼경에 가는 비 내릴 제

두 사람 그 마음을 둘이서만 아오리다.

새 정이 미흡한데 하늘은 밝아오네.

다시금 소매 잡아 뒷기약을 물었었소.

[57] 주은 김명원(1534~1602)의 칠언절구 한시이다. 이 한시를 풀어 쓴 시조의
대목이 신윤복의 월하정인에 실려 있다.

최가 그 뒤를 이어서 불렀다.

抱向紗窓弄未休 (포향사창농미휴)

半含嬌態半含羞 (반함교태반함수)

低聲暗問相思否 (저성암문상사부)

手整金釵笑點頭 (수정금채소점두)[58]

껴안고 사창(紗窓)을 향해 쉬지 못할 그 일에

반은 교태 머금은 채 반은 부끄럼을 짓는구나.

소리 낮춰 가만히 묻노니 나를 생각하려나요

금비녀 만지면서 고개 끄덕이며 웃고만 있네.

계월은 웃으면서 비평하기를,

"앞의 것은 너무나 옹졸하고, 뒤의 것은 조금 묘하긴 하나, 수법이 모두 낮으니 족히 들을 것이 없겠소. 대체 칠언절구는 비교적 쉽지마는 율시는 더욱 어려우니, 저는 그 어려운 것을 취하려 합니다."

[58] 김삿갓의 시를 차용한 것임.

하니 김이 먼저 불렀다.

年縫十五窈窕娘 (년봉십오요조랑)

名滿長安第一唱 (명만장안제일창)

蕩子恩情深似海 (탕자은정심사해)

花官威令肅如霜 (화관위령숙여상)

蘭窓日暖朝粧急 (난창일난조장급)

松峴風高夕履忙 (송현풍고석이망)

相別時多相見少 (상별시다상견소)

陽臺雲雨惱襄王 (양대운우뇌양왕)

나이 겨우 열 다섯 아리따운 낭자가

서울에 이름 날리는 제일 명창이라.

오입쟁이 맺은 정은 바다 같고

화관(花官)의 엄한 영은 서릿발 같네.

난초 창 다사로워 아침 단장 재촉하고

솔고개 바람 높자 저녁 걸음 바빴었소.

이별할 땐 많건마는 만나기 어려우니

양대의 비구름이 초양왕(楚襄王)을 괴롭히네.

이 시를 본 최는,

"이 시가 비록 아름답다 하나, 보다 더 아름다운 것
이 없지 않아."

하고,

立馬江頭別故遲 (입마강두별고지)

生憎楊柳最長枝 (생증양유최장지)

佳人綠薄含新態 (가인녹박함신태)

蕩子情深問後期 (탕자정심문후기)

桃李落來寒食節 (도이락래한식절)

鷓鴣飛去夕陽時 (자고비거석양시)

艸長南浦春波潤 (초장남포춘파윤)

慾採蘋花有日思 (욕채빈화유일사)

강머리에 말 세운 채 이별 짐짓 더디어라.

버드나무 가장 긴 가지가 몹시 미웁고

가인은 연분 얕아 새 애교 부리고

오입쟁이 정이 깊어 뒷기약을 묻는구나.

도리꽃이 떨어지니 한식절이 다가오고

자고새 날아가니 석양이 비칠 때라.

풀 자란 남포에 봄 물결이 넘칠 제

마름꽃을 캐려다가 님 생각 절로 나네.

라고 읊었다. 이 시를 보고 계월은,

"이 시는 약간의 맑은 운치가 있으나, 사람을 움직이
기에는 역시 부족하오."

하고는 유(柳)를 돌아보면서 이르기를,

"당신은 홀로 시를 읊을 줄 모르시오?"

"나는 본래 글이 짧고, 다만 노독(漿毒)의 수레바퀴를
꿰던 재주가 있을 뿐이오."

하는 것이었다. 계월은 웃으면서 답하지 않으니, 최
(崔)가 화를 내면서 이르기를,

"그대에게 그런 재주가 있다고 하나, 오늘의 일은 의
당히 시의 우열을 가지고 논할 것이오!"

하매, 이 말을 들은 김(金)은 자부하는 빛으로 좌우로
말하기를 "내 한수가 있어 압도하리라." 하며, 읊기를,

秋宵易曙莫言長 (추소역서막언장)

促向灯前解繡裳 (촉향정전해수상)

獨眼未開睛吐氣 (독안미개정토기)

兩胸自合汗生香 (양흉자합한생향)

脚如螻蟻波飜急 (각여루괵파번급)

腰似晴蜓點水忙 (요사정연점수망)

强健向來心自負 (강건향래심자부)

愛根深淺問嫏嫏 (애근심천문랑랑)

"가을 밤 새기 쉬우니 길다는 말은 하지 마오.
등불 앞에 다가앉아 비단 치마 풀어 보려무나.
외눈이나 뜨지 않은 눈동자 반짝이고
두 가슴 합해지니 땀 냄새도 향기 나네.
다리는 청개구리가 물결에 뒤쳐 허둥대는 것 같고
허리는 잠자리가 물을 차듯 바쁘구나.

앞으로도 기운 센 것을 자부하노니
사랑 뿌리 깊고 옅음을 낭자에게 묻노라."

　계월이 이 시를 듣고는 잘되었음을 칭도(稱道)하는 것
이었다. 그제야 유(柳)는 계월로 하여금 운자(韻字)를 부
르라 하고 운자가 떨어지자 다음과 같이 읊었었다.

探春豪士氣昻然 (탐춘호사기앙연)

翡翠衾中有好綠 (비취금중유호녹)

撑去玉臂兩胂屹 (탱거옥비양각흘)

貫來丹穴兩絃圓 (관래단혈양현원)

初看矯眼迷如霧 (초간교안미여무)

漸覺長天小似錢 (점각장천소사전)

這裡苦論滋味別 (저리고론자미별)

一宵高價値千金 (일소고가치천금)

"봄 찾는 호걸이 기운도 좋을시고
비취(翡翠) 이불 속에 아름다운 인연 있어

흰 팔을 베고 누우니 두 다리 우뚝하네.

붉은 구멍 꿰뚫으니 두 줄이 둥글고나.

눈매를 처음 볼 제 아득하기 안개 같고

장천을 쳐다보니 동전같이 작아지네.

그 속에 재미가 유별함을 만약 말한다면

하룻밤 비싼 값이 천금이 되오리다.”

계월이, 이 시를 듣고 나서 탄식하기를,

“이는 운자가 떨어지자 곧 부른 것이었으나 침석(枕席)[59] 사이의 정태를 잘 형용하였을 뿐 아니라, 글이 극도로 호방(豪放)하고 웅건하니, 반드시 범상한 재주가 아니오니 원컨대 고명(高名)을 듣고자 합니다.”

하는 것이었다. 유는,

“나는 곧 유모(柳某)라고 하네.”

하고 대답을 하였더니, 계월은 박수를 치며 말하기를,

“존공(尊公)께서 이런 누추한 곳에 왕림하실 줄을 몰

---

[59] 침석(枕席) : 이불속의 운우지락을 말함.

랐습니다. 이제 다행히 만나 뵙는군요."

하고, 이내 잔을 드리고 웃으면서 이르기를,

"만일에 온 하늘이 작은 동전과 같다면 그 값이 대략 천금에 해당할까요?"

하며, 두 선비를 향하여 이르기를,

"두 분이 읊은 바는 한 잔의 시원한 물만 못하구려."

하니 최·김 두 사람은 모두 묵묵히 물러가고, 유(柳)는 드디어 뜻을 얻어 함께 그 밤을 새웠다.

(고금소총의 기문에서)

늙은 선비가 장가를 들다
郎言支歲

어떤 선비가 재취(再娶) 장가를 들었다. 나이가 이미
여든이어서 수염과 머리칼이 다 희었다. 이 꼴을 본 장
인 영감은 크게 놀랐다.

그 이튿날이었다.

장인은 신랑에게,
"신랑의 나이가 몇이라지?"
하고 묻는 것이었다. 신랑은 서슴지 않고,
"스물이 넷이랍니다."
하고 말소리가 겨우 들릴 만큼 하였다. 장인은,
"스물 네 살 되는 청년이 어찌 이리 늙었는가? 참 엉

터리로군."

하고 화를 벌컥 내는 것이었다. 신랑은,

"그러면 마흔이 둘이랍니다."

하고 이미 흐린 말을 짓는 것이었다. 장인은,

"마흔 둘, 그것 역시 참되지 않는구려."

하고 굳이 따지는 것이었다. 신랑은,

"그러면 사면이 다 스물이랍니다."

하고 똑똑히 말하였다. 장인은,

"그럼 여든이로군. 뜻밖에 신랑의 나이가 나보다 높군 그려. 내가 처음 물었을 제, 어찌 바로 대지 않고 두 차례나 회피하였단 말이오?"

하고 따졌더니 신랑은,

"내 애당초부터 실토하였으나 영감께서 잘 알아듣지 못한 탓이지요. 마흔이 둘이면 여든이요, 스물이 넷도 여든 되지 않아요. 내 나이 비록 늙었지마는 아내가 잘 보양(補陽)을 하면 이해 안에 잘 부지(扶支)[60]할 것이오."

---

[60] 부지(扶支) : 상당히 어렵게 보존하거나 유지하여 나감.

하고 자신만만함을 과시하는 것이었다.

때는 이미 그 해 섣달이 끝나는 작은 그믐날이었다.
이 이야기를 들은 자 모두 허리를 잡았었다.

(고금소총의 기문에서)

금실 좋은 부부

椎腰燃燭

어느 재상의 집에서 사위를 맞이하는 날에 여러 재상이 모여 오니, 옛날 우리나라 풍속에 아들 많이 낳고 금실이 한없이 좋은 사람으로 하여금 붉은 촛불을 밝히게 하는 것이 하나의 풍속이라.

사위가 장차 당도하매, 주인 재상이 좌중에 복이 많은 재상을 가리어 장차 촛불을 밝히려고 하였더니, 한 여종(女婢)이 바삐 나와 제지해 가로되,

"진정 촛불을 밝히려는 분은 잠깐만 기다려 주십시오"

하되 때마침 무더운 여름철인데, 한 서생이 얼굴빛이 마르고 누런데 머리에는 누런 개가죽을 쓰고 귀를 가리었으며 몸에는 감색(紺色) 도포를 입고 허리에는 하나의 작은 몽둥이를 차고 안으로부터 절룩거리며 걸어나와 초를 잡고 불을 붙이되, 불을 붙이고 난 뒤에 곧 몸을 돌이켜 안으로 들어가니,

여러 재상들이 괴상히 여겨 주인집의 여종을 불러 물어 가로되,

"아까 촛불을 켠 자는 답해 누구뇨?"

여종이 나아가 꿇어앉아 답해 가로되,

"이는 주인집의 맏사위올시다. 그분이 이 댁 맏 따님과 더불어 한방에 사시는 것이 이제 30여 년에 이르되, 동쪽으론 흥인문(興仁門)[61]을 나가지 않았고, 서쪽으론 사현(沙峴)[62]을 넘지 않았으며, 남으론 한강을 건너지 않았고 북으론 장의문(壯義門)[63]을 못 보고, 굳이 다락 아래

방을 지키어 잠시라도 떨어져 본 일이 없으며, 심지어 월경대(月經帶)까지도 친히 스스로 매어드리니, 그 금실의 두터움이 이에 지남이 없을 것이 온즉, 정경마님 부인의 뜻이 이 서방님이 촛불을 켜기를 바랐던 것이옵니다."

여러 재상이 웃음을 머금고 서로 돌아다보며 가로되,

"그 사위의 허리에 찬 조그만 몽둥이는 무엇이뇨?"

하니 여비가 가로되,

"소저(小姐)의 혼당(婚堂)[64]이 만약 더러워지면 낭군께서 반드시 빨래방망이를 풀어 손수 빨래하여 드리는

---

[61] 흥인문(興仁門) : 동대문. 흥인지문.
[62] 사현(沙峴) : 무악재를 가리킴.
[63] 장의문(壯義門) : 지금의 자하문을 말한다.
[64] 혼당(婚堂) : 생리대를 말함. 옛날에는 1회용이 없어서 빨아서 사용했다. 개짐 또는 월경대라고도 부른다.

것입니다."

하니 여러 재상들이 이 말을 듣고 졸도치 않는 이가
없었다.

가로대, 풍습에 따른다고 하지만, 한 평생 부인 옆에
들러붙어서 늘어야 하는 것이 마땅한 것인가? 사내 대
장부는 넓은 세상에 나가 출세하기를 원하지 않는가?

(고금소총의 명엽지해에서)

성불하소서
沈毛分酌

호남 어느 절에서 무차대수륙재(無遮大水陸齋)[65]를 지낼 때, 남녀가 모여들어 구경꾼들이 무려 수천 명이나 되었다. 재가 파한 후에 나이 적은 사미승(沙彌僧) 아이가 도량(道場)을 소제하다가 여인들이 모여 앉아 놀던 곳에서 우연히 여자의 음모 한 오리를 주어 스스로 이르되,

"오늘 기이한 보화를 얻었도다."

하며 그 털을 들고 기뻐 뛰거늘 여러 스님들이 그것을 빼앗으려고 함께 모여 법석이로되, 사미승 아이가

---

[65] 무차대회(無遮大會) : 성범(聖凡) · 도속(道俗) · 귀천 · 상하의구별없이 일체 평등으로 재시(財施)와 법시(法施)를 행하는 대법회.
수륙재(水陸齋) : 물이나 뭍에 있는 모든 중생들에게 음식물을 보시하여 미혹한 세계의 일체의 망자 혹은 아귀들을 구제하고자 하는 재.

굳게 잡고 놓지 않으며,

"내가 눈이 묵사발이 되고 내 팔이 끊어질지라도 이 물건만은 가히 빼앗길 수 없습니다,"

하고 뇌까리니 여러 스님들이,

"이와 같은 보물은 어느 개인의 사유물일 수는 없고, 마땅히 여럿이 공론하여 결정할 문제니라."

하고 종을 쳐서 산중 여러 스님이 가사장삼을 입고 큰 방에 열좌(列坐)하여 사미아이를 불러,

"이 물건이 도량 가운데 떨어져 있었으니, 마땅히 절의 공공(公共)한 물건이 아니냐. 네가 비록 주웠다 하나 감히 어찌 이를 혼자 차지하리요."

사미가 할 수 없이 그 터럭을 여러 스님 앞에 내어놓은 즉, 여러 스님이 유리 발우(鉢盂)[66]에 담은 후에 부처님 앞 탁자 위에 놓고,

"이것을 삼보(三寶)[67]로 보관했으니, 길이 후세에 서로 전할 보물이다."

---

[66] 발우(鉢盂) : 바리때, 스님의 밥그릇.

하거늘 스님이,

"그러한즉 우리들이 맛보지 못할 게 아니냐?"

한즉 혹자는 또한,

"그러면 마땅히 각각 잘라서 조금씩 나누어 가지는 것이 어떠냐?"

하니 여러 스님이 가로되,

"두어 치밖에 안 되는 그 털을 어찌 여러 스님이 나누어 가지리오!"

그때 한 객승(客僧)이 끝자리에 앉았다가,

"소승의 얕은 소견으로는 그 털을 밥 짓는 큰 솥에 가운데 넣어 쪄서 돌로 눌러서 물을 길어 큰 솥에 채운 후에 여러 스님께서 나누어 마시면 어찌 공공(公共)의 좋은 일이 아니리요. 만일 나와 같은 객승에게도 그 물을 한잔만 나누어 주신다면 행복이 그 이상 없겠소이다."

한즉 여러 스님이,

---

[67] 삼보(三寶) : 불교의 三寶라 함은 불교에서 가장 귀중하게 여기는 세가지 보물(寶)로서, 부처님[佛寶]과, 부처님의 가르침[法寶]과 부처님의 제자[僧寶]를 뜻한다.

"객스님의 말씀이 합당한 말씀입니다."

하고 그 말에 찬성하였다.

그때 마침 절에 백세 노승이 가슴과 배가 아프기를 여러 해로, 추위를 타서 문을 닫고 들어앉았었는데, 이 소리를 전해 듣고 홀연히 나타나 합장하며 객승에게 치하해 가로되,

"어디에서 오신 객스님이신데 어찌 그 일을 분명하게 논하시는지요. 앞서 도반들의 계획대로 잘게 쪼갠다면 늙은 병승과 같은 나는 그 터럭의 눈곱만한 것도 돌아오지 않을 터이니...... 오늘 객스님 말씀처럼 한다면, 그것을 마신 후에는 저녁에 죽는 한이 있더라도 여한은 없겠소이다. 원컨대 객스님은 성불(成佛), 성불(成佛)하소서." 하였다.

(고금소총의 명엽지해에서)

마누라와 떡을 훔친 소금장수

鹽商盜妻

산골의 한 생원이 초가삼간에 내외가 같이 살고 있
더니 어느 날 저녁에 소금장수가 와서 하룻밤 자고 가
고자 간청을 하였다. 생원은,

"우리 집이 말과 같고 방이 또한 협소한데다가 안팎
이 지척이라 도저히 재울 수가 없소."

하면서 보기 좋게 거절하였다. 소금장수도 그만한
말로서 물러나지 않았다.

"저도 빈반(貧班)[68]이라 소금을 팔아서 근근이 살아가
고 있는데 이곳을 지나가다 마침 해가 져서 이미 인가
를 찾아서 하룻밤 자는 것이 허락되지 않을진댄 비단

---

[68] 빈반(貧班) :

호랑이 무서운 것이 아니라 어찌 인정 같지 않음이 이럴 수 있습니까?"

그 말을 들은 생원은 당연한 사리에 우기지 못하고 허락하였다.

생원이 안으로 들어가 밥을 먹은 후에 그 처에게 말하였다.

"요사이 내가 송기떡이 몹시 먹고 싶은데 오늘 밤에는 송기떡을 해가지고 그대와 같이 먹음이 어떠하오?"

"사랑에 손님을 두고 어찌 조용히 함께 먹을 수 있어요?"

"그건 어렵지 않지요. 내가 노끈을 내 불알에 맨 후에 노끈 끝을 창문 밖으로 내어 놓을 터니 떡이 다되거든 가만히 와서 그 노끈 끝을 쥐고 당기고 흔들면 깨어나 들어와서 조용히 함께 먹을 수 있지 않아요?"

그 처는 마침내 그러자고 하였다. 원래 이집 안팎은 다만 창문 하나를 사이에 두고 있는 터라 소금장수가 귀를 대어 엿들으니 생원이 나오므로 소금장수는 먼저 자리에 누워서 자는 척하고 생원의 하는 것을 보고 있었다. 생원이 나와 본즉 소금장수는 이미 자리에 누워 자고 있으므로 안심하고 노끈으로 그 불알을 매더니 한끝을 창 너머로 내어 놓고 누워 정신없이 잠이 들어 코를 우뢰같이 골았다. 그 때 소금장수는 생원이 깊이 잠든 것을 알고 살그머니 일어나서 생원의 불알에 맨 노끈을 풀어 가지고 자기 불알에 매어놓고 누웠다. 얼마동안 누웠으니 창밖에서 노끈을 몇 번 흔들므로 소금장수는 가만히 일어나서 안으로 들어가 문 앞에 서서 적은 소리로 속삭였다.

"여보 불빛이 창에 비처 혹시 소금장수가 자다가 깨어나 엿볼지도 모르니 불을 끄오."

"어두워서 어떻게 떡을 먹어요?"

"아무리 어둡다고 하지만 손이 있고 입이 있는데 어디 먹지 못하겠소."

생원의 처는 웃으면서 불을 껐다. 소금장수는 방에 들어가 생원 처와 함께 송기떡을 먹고는 또한 욕심이 나므로 생원 처를 끼어 안고 누워서 싫도록 재미를 보고 슬그머니 나왔다.

바깥으로 나온 소금장수는 곰곰이 생각하였다……
떡도 먹었겠다. 재미도 보았겠다. 여기 바랄 것은 없
다. 더 있다간 탄로가 날지 모르니 에라 빨리 가버리
자……소금장수는 곧 떠날 준비를 하여가지고 생원을
불렀다.

"주인장! 주인장! 벌써 닭이 울었으니 나는 떠나야겠
소. 하룻밤 잘 쉬고 갑니다. 후일에 다시 만납시다."

인사도 하는 둥 마는 둥하고 떠나가 버렸다. 이제야
잠을 깬 생원은 내심 생각하기를…… 닭이 울도록 어
찌 아무 소식이 없을까? 떡을 하다가 잊어버리고 자버
린 것이나 아닐까?……하면서 불알을 만져 보았다. 이
어찌된 일인가 매어 두었던 노끈이 어느 사이에 풀려
지고 없었다…… 내가 자다가 잠결에 벗겨버렸는
가?……하고 창문을 더듬더듬 더듬어 보니 거기에는
노끈이 그대로 있었다…… 옳지! 떡을 해놓고 이것을
흔들어 보아도 아무 소식이 없으니까 그냥 자 버린 게
로구나…… 생각하고 일어나 안으로 들어갔다. 처는
정신없이 자고 있었다……이제 소금장수도 없으니 안

심하고 떡이나 먹어보자……하고 그 처를 깨웠다.

"여보! 나는 학수고대 기다리고 있는데 떡은 어쩌고 잠만 자오."

처는 눈을 뜨고 빙그레 웃으며,

"무슨 말씀을 하오? 아까 떡도 먹고 그것도 하시고 는…… 또 무엇 하러 들어왔어요?"

"?……"

"아까 들어와서 불을 끄고는 떡을 먹고 그것까지 실 컷 하시고는 이제 또 무슨 말씀이요. 그럼 그 사람은 당신이 아니고 귀신이란 말이요?"

처는 사뭇 놀리는 쪼다. 그러나 생원은 더욱 의심이 깊어갔다.

"그럼 당신이 떡을 해놓고 노끈을 당겼소?"

"그렇잖고요. 노끈을 당기니 당신이 들어왔지 않아 요?"

대답은 하나 그 처가 곰곰이 생각하니 이상하였다. 생원은 무릎을 치면서,

"허! 그놈! 허! 그놈 소금장수란 놈이 한 짓이로구나.

그 원수 놈이 우리 집 마누라와 떡을 훔쳐 먹은 게로구나! 허 그놈!"

생원은 황당해 하면서 어찌 할 줄을 몰랐다. 그 처는 민망하고 부끄러웠으므로 그 순간을 모면할 도리가 생각나지 않았다. 그러나 웃으면서,

"그래서 그런지 이상합디다요. 운우의 재미를 볼 때 그놈이 어찌나 크고 좋은지 전과 다르다고 생각하였더니 그것이 소금장수의 것이었던가 보군요."

생원은 기가 막혀 말이 나오지 않았다.

(고금소총의 교수잡사에서)